辦公室正道詭道

余亞杰 編著

目　錄

序言：雙道齊驅，馳騁職場

辦公室是我們工作的地方，你來到這裡是為了工作。

對企業的每一位員工來說，做好自己的本職工作是一個永恆的主題，也是最基本的職業素養，只有努力幹好本職工作的員工，才能算得上是一個稱職的員工。

要想做到名副其實，要想獲得更多，就必須用行動來證明。

首先，你必須要有認真負責的工作態度。明確工作職責，增強工作責任感，盡職盡責地去做好上司安排的每一項工作；強化自己的責任意識和紀律意識，勤勤懇懇踏踏實實地工作，盡力達到老闆所要求的水平，讓老闆放心，為老闆分憂。

其次，你要有團結合作的互助精神。具備相互合作、共同依存的整體意識，不僅對自己的工作負責，同樣還要對他人、對單位的各項事業負責。在此基礎上，你要不斷加強學習，提高自身的綜合素質，增強自己的專業技能，不斷開闊自己的視野，豐富自己的閱歷。只有這樣，你才能用正確而又科學的方法投入到工作中去，將工作做到盡善盡美；也只有這樣，你才能不斷接受新任務，迎接新挑戰。在具體的工作實踐當中，還要有敬業和奉獻精神。重視自己的工作，將工作當成自己的事業。恪盡職守、精益求精，嚴格要求自己。

再次，你還要有永不滿足的謙和心態。想要把工作幹好，就必須做到謙虛謹慎、博采眾長。要廣泛聽取別人的意見，特別是同行中的反對意見。這樣才能解決實際工作中所存在的問題，逐步提高自己的認知水平。如果錯了，要勇於承認，並及時補救改正；有了成績，也不要自我滿足，不斷進取才是你應有的態度。

一名真正的好員工，不止可以保住自己的飯碗不被砸，更重要的是，可以讓你的能力得到證明，讓你的上司欣賞你，讓你的同事喜歡你。所以，無論你在做什麼工作，一定要光明正大，踏踏實實，讓自己配得上這個職位，對得起這份薪水。這是辦公室「正道」！

但是，不管是分工合作，還是職位升遷，抑或利益分配，無論其出發點是多麼的純潔、公正，都會因為某些人的「主觀因素」而變得撲朔迷離，糾纏不清。隨著這些「主觀因素」的逐漸蔓延，原本簡單的同事關係、上下級關係變得複雜起來……一些人力資源管理專家將這種複雜紛繁的「辦公室問題」，稱為辦公室「詭道」。

職場打拚的趕路人除了要學會「看路」之外，還要學會「走路」。我們在職場上常常會看到這樣的現象：幾個同事同時進入一家公司工作，同樣的環境，同樣的職位，同樣的上級，有些人在幾年後青雲直上，如魚得水；可有些人卻總在原地踏步，萎靡不振。深究其因，關鍵是不懂得辦公室詭道。

有一句話說得好：「即使你是一隻斑馬，必要的時候，也要表現得像一頭獅子。」因為，當你面對競爭或衝突的時候，不能保證斑馬永遠是和一群斑馬在一起，所以，當獅子出現時，你就得扮成一頭獅子，這樣至少可以對真正的獅子造成威嚇的作用。你做事可以不聰明，但不能不小心。

職場就好比是一片汪洋大海，你不但要在風浪中奮勇前行，而且還要學會眼觀六路，耳聽八方。當遇到驚濤駭浪的時候，你要有自救的本領。要想在職場上叱吒風雲，有所作為，就必須掌握辦公室生存的正道與詭道，只有這樣才能做坦然面對，知己知彼，運籌帷幄。

我們編寫這本書的初衷，就是讓您「正道詭道」齊驅，這樣才不至於被激烈的職場競爭淘汰出局。不管你是身居要職的老手，還是初涉職場的新人，本書所寫的辦公室正道詭道都會讓你開卷有益。本書從正道和詭道兩個角度，對辦公室裡可能遭遇的「政治問題」逐一進行了分析解讀。其中既有相關案例的現身說法，也有職場人士的經驗總結，目的是幫助職場人士順利越過職場的雷區，從而在辦公室這個政治舞臺上充分發揮自己的競爭優勢，把握晉升的機會和規律，使自己的事業平步青雲，一路凱歌！

第1章 你是人才還是庸才

可能有很多人都很懷念當年在辦公室裡「一杯茶一包菸，一張報紙看半天」的幸福時光。可如今，「混日子」的時代已經結束了。不管你願不願意，都必須接受這樣一個事實：能為企業帶來利潤，就是企業所珍惜的人才。員工只有用業績證明自己，體現自己的價值，才能在企業裡找到自己的一席之地，才能獲得廣闊的職業發展空間。

當然，在企業裡總是難免會有一些濫竽充數的庸才。這些庸才們能矇混一時，但矇蔽不了一世，就像南郭先生那樣，庸才總會有暴露的那一天。所以，如果你要想在職場中屹立不倒，就必須提早練好「真功夫」，成為一個真正的人才。

正道：你的價值體現在業績上

案例故事

剛剛大學畢業的趙傑最初的求職之路非常坎坷。

在幾次求職碰壁後，趙傑反覆思考，求職之所以失敗，是因為自己沒有工作經驗。

明白了這一點之後，他調整了自己的求職策略：那就是在試用期內不要任何報酬！他知道，只有透過這種方式才能吸引招聘者的眼球，給自己一個展示的機會；只要抓住這個機會，努力幹，有了業績，他自然就會被肯定。

當趙傑再次走進人才市場時，他直接找到了一家著名大企業的人事部經理，遞上了自己的簡歷和相關資料。經理看完之後習慣性地詢問趙傑是否有相關工作經驗？在待遇方面有什麼要求？趙傑從容不迫地回答說，他沒有工作經驗，但是他渴望得到這個職位，他對待遇沒有任何要求，在試用期內可以不要薪酬。

聽了趙傑的回答，人事部經理驚訝地問：「不要薪酬，為什麼呢？」

「因為我想爭取到在貴單位工作的機會，可是以我現在的資歷來看，這個希望並不大，因為我的工作經驗比較少，我拿不出以往的成功業績來使你們信服。所以，我要用我的薪酬作賭注，然後抓住機會，做出一番成績，來證明自己是優秀的。」

人事部經理很滿意地說：「好吧，你被錄用了，但並不是因為你不要報酬，而是因為你對自己的信心。」

上班後，趙傑被安排做一名業務經理的助理，負責一些打雜的工作。他經常加班，每次都超額完成上司交辦的工作任務，漸漸獲得了主管的讚許。

有一次，公司派出包括業務經理在內的幾名業務去和一家大型外資企業洽談合作項目，由於這家外資企業非常有名，所以，公司上下所有人都非常緊張。雖然趙傑並沒有參加這次洽談，但他還是積極透過各種途徑蒐集這家外資企業的詳細資料，並整理出數萬字的關於這家外資企業的最新報告。

談判當天，業務經理打電話回來，急切地要一份關於該外資企業的最新、最詳細、最全面的資料。趙傑馬上把自己已經整理好的報告傳了過去。「小夥子，非常好！」業務經理誇讚說。

與外商的談判非常成功，趙傑提供的資料造成了很關鍵的作用。為此，公司主管在例會上專門表揚了他，並給他發了數額不菲的獎金。

一年之後，由於趙傑的工作業績十分突出，公司破格將他提拔為業務經理，而通常情況下，做到這個職位需要三年。

每個企業都只為員工的「使用價值」買單，今天你能創造價值他們就用，明天你不能創造價值你就得離開。公司不是養老院，你想在這裡待下去，就必須拿出過人的業績。

公司會核算對每個人的投資和收益，付出和回報，重用提拔的永遠是能夠創造最大價值的人。公司要的是結果，要的是業績。結果導向和業績導向，是絕大多數企業考核、晉升員工時採用的原則。你創造的業績越大，創造的利潤越多，你就越有價值，競爭力就越強。正如足球隊，不看球員訓練多苦，只看是否進球。沒有哪家企業是為了給員工發薪資、做培訓而錄用員工，企業只會為那些貢獻大於投入的人提供職位。

正道1：工作沒效率，等於沒工作

從前，有一個好色的國王，看上了一個平民的美麗妻子，國王既想占為己有，又怕有失風度，於是派人把這個平民「請」到王宮來，令讓他親自完成一件「簡單」的事情，完不成就得重罰，還得賠上夫人。

這個任務就是：三分鐘內，在一個只能同時烙兩張餅的小鍋中，烙出三張餅，而且每張的兩面都必須烙得金黃，每面都要烙夠一分鐘。按照常規，達到這些要求最少需要四分鐘，很明顯，這是絕對不可能完成的任務。

可是，平民並沒有被這件任務撂倒，他聰明地改進了工作方法，他先把兩張餅放在小鍋中烙，一分鐘後，把一張翻個，另一張盛出，換烙第三張。又過一分鐘，把烙熟的一張盛出，另一張翻個，並把第一次盛出的那張放回鍋裡。就這樣，很簡單，三分鐘，三張餅全烙好了。

這個平民用最高的工作效率，不僅救了自己的妻子，更完成了別人覺得不可能完成的工作，這個故事說明了效率意識的重要性。在現代職場中，一旦沒有效率，就將失去工作。

Tom透過家人的幫助，順利坐上了一家外貿公司副經理的位置，新官上任，每天忙進忙出。雖然，他做事手腳還算快，但仍覺得事務太多，時間不夠用。

一天早上，他和往常一樣，走進辦公室，一看到桌上那一疊疊文件，頭就嗡嗡直響。雖然現在他已經是副經理了，但是工作還是要全部完成的。他無奈地坐下，認真仔細地審閱著文件。剛看了沒多少，祕書敲門走了進來，報告道：「經理，外面有位客人等著見你。」Tom仍一頭鑽在麻煩的工作中，頭也不抬，輕描淡寫地說：「讓他在會客室稍等片刻，我馬上過去。」

大約過了一杯茶的功夫，Tom才匆匆走進會客室，只見客人臉色陰沉，正煩躁地在大廳裡來回踱步。Tom馬上堆起笑容抱歉道：「真不好意思呀，今天實在太忙了，半天才抽出時間。讓您久等了。」

客人聽了這話，頓時火冒三丈，惱怒地說：「既然您公務纏身，我們還是改天再談吧！」不等Tom說話，這位客人轉身就走了，Tom茫然地看著客人的背影，無奈地聳了聳肩。

第二天一早，Tom沒有如往常一樣出現在辦公室，因為他昨天的行為使公司失去了一單幾萬美金的大生意！他已經被公司辭退了。事已至此，Tom後悔不已，這才想起了公司裡的一句管理章條：「時間就是金錢，凡是本公司職員需一律守時，不得遲到或早退，要按時完成各項工作，要妥善安排時間，即使是最小的細節，也須在日程表中列出並付諸行動。」

其實，Tom與其說是真忙，不如說是瞎忙，因為他沒有合理安排好時間，沒有分清事情的輕重緩急，沒有全局統籌思想，只會消極應對工作。他這種沒有時間觀念的行為，是對客戶的不尊重，沒有任何一個人願意和浪費時間的人合作共事。如果Tom能在事前給自己制訂一個詳細的工作計畫，按照工作性質和重要性，有秩序進行，這樣便能大大提高效率，就不會失去那筆大生意，也不會失去這份來之不易的工作了。

沒有效率等於沒有工作。在做任何工作前，你都要為自己設計出一個時間方案，並留出一定的時間餘地，以備不時之需。如果Tom做到了這一點，也不至於落得如此下場。很多成功人士，都很善於安排設計自己的時間，從而有秩序有效地工作。因為一旦計劃無序，就將面臨人生敗局。

正道2：追求自我實現，創造輝煌業績

一個人在工作中，只有在追求「自我實現」的時候，才會迸發出持久強大的熱情，才能最大限度地發揮自己的潛能，也只有這樣才能創造出更輝煌的業績，從而最大程度地追求自我實現。

美國Viacom公司董事長薩默．萊德斯通在63歲時開始著手建立一個很龐大的娛樂商業帝國。63歲，在很多人看來是盡享天年的時候，他卻在此時做了一個很重大的決定，讓自己重新回到工作中去，而且，他總是一切圍繞Viacom轉，工作日和休息日、個人生活與公司之間沒有任何的界限，有時甚至一天工作24小時。

許多人對此不解，問他為什麼如此拚命？他坦然回答：「實際上，錢從來不是我的動力。我的動力是來自於對事業的熱愛，我喜歡娛樂業，喜歡我的公司。我有一種願望，要實現生活中最高的價值，儘可能地實現。」

正是這種自我實現的熱情，使人們熱衷於他們的的事業，並且在事業取得巨大成功後，仍然一絲不茍，毫不懈怠。他們就像一個冠軍獎章掛滿全身的田徑運動員，儘管知道自己已經超出對手很多，但卻絲毫不放慢自己的腳步。他們熱愛自己創造出來的速度，而並非單純為了名和利，他們渴望創造更輝煌的業績，取得更大的成功，來實現自己的人生價值。

當然，我們談的不是瞬間的自我實現，而是可以驅使一個人達到不凡成就的自我實現，這種自我實現需要一種熱情，一種對事業的持久熱情。創造更多的業績是為了擁有更多的成功，是為滿足「自我實現」這一人類最高需求。所以，對工作應保持持久的熱情，在築夢者和成功者當中，這種熱情就像空氣般普遍。

熱情驅使著世界上每一個傑出的人，他們為追求「自我實現」而在他們迷戀的領域裡到達人類成就的巔峰，推動著社會和時代的進步。讓自己擁有這種熱情吧！讓它持久地在你工作中為你積蓄力量，創造輝煌的業績、創造價值，實現自我吧。如果你還沒有達到自我實現的境界，也不要麻痺自己——認為自己工作就是為了賺錢。不要對自己說：「既然老闆給得少，我就少做，沒必要費心地去完成每一個任務。」或者安慰自己：「算了，我技不如人，能拿到這些薪水也知足了。」而應該牢記，金錢只不過是許多種報酬中的一種，你所追求的是自我提高而不單單是金錢，你必須充滿熱情去工作，正如你必須充滿熱情去生活。

缺乏熱情會讓你消沉，消極的思想會讓你看不到自己的潛力，失去信心會讓你失去前進的動力，不珍惜工作機會會讓你浪費更多寶貴的時間，失去自我會讓你與成功失之交臂，永遠無法實現自我的人生價值。因而我們要創造出更多輝煌的業績，追求成功，擁有成功，從而實現自己的人生價值。

正道3：老闆的眼睛雪亮，你的辛苦他看得見

在職場中，有些人任勞任怨，而有些人則比較滑頭。你是做前一種人還是做後一種人呢？如果做前一種人，難免會被人這樣笑話：「我看小王就是傻，整天就知道工作。」「老闆給你多少錢，幹嘛為他這麼拚命？」聽到這樣的議論，你是否還會意志堅定，辛苦工作？先來看個故事吧。

兩匹馬各拉一輛大車。前面的一匹走得很穩健，而後面的一匹經常停下來東張西望，顯得心不在焉。於是，車伕就把後面一輛車上的貨挪到前面一輛車上去。等到後面那輛車上的東西都搬完了，後面那匹馬便輕鬆前行了，於是對前面那匹馬說：「呵呵，傻瓜，你辛苦吧，流汗吧，越是努力做，人家越是要折磨你，真是自個兒找苦吃！看看我，多瀟灑。」

回到家後，車伕把路上的事情告訴了主人。主人說：「既然只用一匹馬拉車就行，我養兩匹馬幹嘛？不如好好地餵養一匹，把另一匹宰掉，還能吃些肉，多一張皮呢。」於是，主人把這匹懶馬殺掉了。

我們不妨把馬換成人，老闆當然不會把不稱職的員工殺掉，但他肯定會解僱他。而剩下的那匹馬，似乎表現得是「自討苦吃」，但卻在職場中站穩了腳跟，甚至成為不可替代的角色。

有些人常常抱怨，為什麼升職加薪總是輪不到自己。如果別人都可以做到，唯獨你原地踏步，或者被踢出局，那麼問題必定出在你的身上。在職場之中，任何為自己推脫的理由都是自欺欺人。喜歡找藉口推脫責任的員工，心態大都不夠成熟，別只抱怨自己沒有發揮能力的舞臺，而應該首先問問自己是否有優美的舞姿。

如果你在公司裡的努力工作是有目共睹的，業績是相當可觀

的，如果別人誰都無法將你的工作做到跟你一樣好，那麼主管可能不重用你嗎？你可能找不到實現自己價值的舞臺嗎？請記住：公司的利益，老闆的利益，與你的利益應該是一致的，公司是員工實現自己價值的載體。如果你可以為公司創造更多的業績，公司當然不會視你的業績於不顧。

★正之解

在計劃經濟時代，由於體制的僵化，一個人只要跨入事業機關，進到國有企業，就有「鐵飯碗」作保障，幾乎和進「養老院」差不多。「一杯茶一支菸，一張報紙看半天」，不求業績，無所事事，日子過得也悠哉游哉。

而今，競爭激烈的市場經濟時代，「鐵飯碗」早已被打破，沒有業績，恐怕連個「泥飯碗」也撈不到；而有所業績，有大業績者，別人就會搶著給你「金飯碗」，把你奉為上賓，甚至坐「頭把交椅」。

計劃經濟時代還有一大現象，就是要爬上一個較高的位子，沒有業績不要緊，只要熬時間、有資歷就行，如果再加上能討上司「歡心」，那「出人頭地」幾乎就是順理成章的事情。而市場經濟的激烈競爭打破了這種論資排輩的格局。一個人沒有業績或業績平庸，混的時間越長就越有可能面臨調職和失業的危險；當主管的也不敢僅憑一己之好惡，唯親是用，把平庸無為者推上重要位子，而拿單位和自己的前途命運開玩笑。

總之，在當今時代，「鐵飯碗」沒了，資歷靠不住，關係靠不住，拍馬屁更靠不住，靠得住的是真本事，是業績，是有所作為。有業績，就有施展才幹的一席之地；有大的業績，才會有廣闊的發展前景。

詭道：你的價值體現在對命令的執行力上

案例故事

小張和小李是同班同學，兩個人大學畢業後，恰逢經濟不景氣，都找不到適合自己的工作，便降低了要求，到一家工廠去應聘。恰好，這家工廠缺少兩個清潔工，問他們願不願意做。小張略一思索，便下定決心做這份工作，因為他不願意依靠領取社會救濟金生活。

儘管小李根本看不起這份工作，但他願意留下來陪小張一塊兒做一陣子。因此，他上班懶懶散散，每天打掃環境時敷衍了事。一位好心的同事私下多次找小李聊天，並幫他分析工作中存在的問題和當前的就業形勢。然而，小李內心深處對這份工作抱著很強的牴觸情緒，每天都在應付自己的工作，對於老闆交代的一些事情也總是做不好。結果，就連這份打掃環境的活兒他也丟了。哪個老闆願意養一個閒人呢，況且這個閒人每天還怨聲載道的。

相反，小張在工作中，拋棄了自己作為大學生——高等學歷擁有者的身分，完全把自己當做一名打掃環境的清潔工，對老闆交代的每一個事情都會做得又快又好。半年後，經濟形勢好轉，他便成為了老闆的助理。而小李，仍然在大街上為尋找一份工作而每日奔波。

上級的命令，如果無法執行，或者缺乏執行的人，就是一個無效的命令。只有那些能下達正確命令並且又找對了執行人的企業，才能把命令執行下去，把老闆的意圖貫徹到底，使企業生存發展下去。

作為一名員工，業績體現價值沒錯，但是有時候，你的價值也體現在對命令的執行力上。

職場潛規則中有這樣一條——老闆永遠是對的。這話雖然有些絕對，但是絕對有道理。老闆是什麼人？老闆就是給你發薪資的那個人！

老闆是企業的核心，老闆的目標就是整個企業的目標，老闆的理念就是企業文化的根本。如果每個部門每個人，都把自認為正確而又沒有被老闆接受的思想，融入到工作中去，就會使老闆的決策無法執行到位。因為你打一點折，他打一點折，你往左偏一點，他再往右偏一點，各個執行人都自以為是，那麼老闆本來是正確的決策必定會被扭曲得面目全非。

詭道1：請記住，老闆永遠是對的

假如你在工作中遇到某個問題，如果出現了兩種或兩種以上的不同意見，怎麼辦？你應當以老闆的意見作為實際工作的指針。

凡是遇到類似的情況，都要聽老闆的，無需為其他的不同意見而左右為難、左顧右盼。雖然老闆的意見未必就是唯一正確的，但是，在最正確答案浮出之前，一定要以老闆的意見為準。

其實在企業的經營管理中，有許多問題是沒有標準答案的。因為公司如果採納了A決策，就不可能同時啟用B決策；假如選擇了走多元化的路線，就無法印證走專一化是否更好。很多決策的時效性與企業的壽命等同，根本容不得你驗證了再去做決定。

員工與老闆之間有不同的意見是難免的，但是有不同意見不等於有正確意見，老闆應該傾聽下屬的意見不等於就應該接受下屬意見。

在企業的經營過程中，決策是否正確要等到實踐檢驗以後才能知曉。然而，商場如戰場，時機稍縱即逝，老闆必須在最短的時間內做出決定，問題的關鍵在於哪種決策的正確概率比較高。

你覺得你和老闆比，誰的正確率會更高一些呢？可以肯定地說，老闆正確的概率要比他的下屬高一些。原因如下：

第一，老闆更瞭解全局，知道哪些是重中之重，哪些是細枝末節；老闆的經驗通常比員工更豐富，看問題也更透徹。這些可以從企業取得的經營業績和老闆的億萬家財中得到印證；

第二，老闆是從企業的整體利益出發來考慮問題，企業的利益就是老闆的利益，因而他不會像其他出主意的人，表面上冠冕堂皇，實際上抱有個人目的；

第三，老闆要承擔決策的風險，所以他對待決策最認真。如果決策失敗了，老闆就會賠錢破財甚至是傾家蕩產，他不可能像其他人那樣，成功了邀功請賞，失敗了拍屁股走人（打工者），或者是享受更多的收益而只承擔有限的風險（小股東）。這也印證了一句話——真理往往是掌握在少數人的手裡。

有些人對老闆的決策總是不能理解。比如，老闆決定在某地投資辦廠，有的人認為離市場太遠，有的人認為資金不夠，有的人認為管理跟不上，可是老闆偏偏決定立即執行。有些理由老闆是不會輕易示人的，旁人自然無法知道其中的奧祕。

有的人認為即使是這樣也不能執行，因為技術、管理跟不上，可是他們哪裡知道，老闆壓根兒沒打算辦，可能是準備建成之後就把它賣掉。可有的人還是想不開，萬一老闆錯了豈不是太冒險？你要知道，敢於冒險是多數老闆取得成功最重要的因素，如果老闆不敢冒險，他就不可能當老闆。他們往往看準一件事就會義無反顧地做下去，幾年甚至於幾個月下來就改變了人生的軌跡。

老闆決定去做一件事，旁人都認為是天方夜譚異想天開，可他們往往能在冷漠與嘲笑中取得成功。這正是社會上成功的企業家為什麼那麼少的原因！所以說，當你盡到了作為下屬提意見當參謀的作用之後，接下來你要做的就是，盡力去適應老闆，支持老闆的決策。

支持老闆表現在什麼地方？不光是表現在語言上，也不僅是表現在行動上，更要表現在思想上。支持老闆最重要的是思想上一致！也就是說，只有思想上保持一致，你才會在心裡跟自己說，老闆這樣做絕對有他的道理，如果做不好，我如何向老闆交差，我豈不是壞了老闆的大事？如此，你才會自我加壓想方設法完成任務，你才會有不達目標永不罷休的堅強意志，才會有面對失敗不怨天尤人而勇於承擔的使命感、責任感。

只有將老闆的意見全面徹底地貫徹執行下去，企業的發展才不會偏離老闆給企業規劃的發展方向。

詭道2：執行力強的員工，老闆最喜歡

對於老闆而言，無論在什麼時候，身邊最需要的始終是辦事主動、執行力強的員工，這樣的員工在老闆心中，也是最有價值的。

一位老闆曾無可奈何地說：「我的思路已經到位，關鍵是下面的員工跟不上步伐。總部制訂了策略、計畫，總是不能在分公司有效執行，分公司總認為總部的方案不夠完善，叫他們自己出方案，他們又做不出來，即使做出來，也不具有任何專業性，讓你無法批准。開始我以為是我們做計劃的方式有問題，後來採取了參考下面計劃的民主做法，還是不行，整個公司的效率非常低，而且讓人頭痛的是，基本上所有分公司都是這樣。」

優秀的員工應當具備超強的執行能力，無論遇到多大的困難，都能夠不折不扣地執行命令，完成自己的任務。執行是一種主動服

從上司，堅持將任務進行到底，直至圓滿結束的精神。執行需要高度的自主意識，要善於變通，而不是墨守成規，頑固不化。

在職場中，一名忠誠而優秀的員工在接到老闆的指令後，會竭盡全力將任務完成，而不會有絲毫懷疑。你的不同意見可以保留，但必須按老闆的命令去做。任何的遲疑不前，都會被視為推脫和尋找藉口。

首先，不管老闆的決策正確與否，其可行性怎麼樣，執行都是第一位的。此外，你要問清楚你將要去做的事情，公司可以提供哪些支持？最後，不管你做成什麼樣，都必須把結果反饋回來。因為作為公司領導人，他的決策是需要經過實踐來檢驗的。所以不管完不完得成，你都得行動，不論結果如何，你都必須匯報。

有些人之所以在職場中受歡迎，能獲得老闆的歡心，不是因為他們有多少別出心裁的想法，而是因為他們始終不折不扣地進行著一項最有效的活動——執行老闆的命令！

詭道3：工作很重要，老闆的指示更重要

一個人想要達到什麼樣的目標，他便會朝著他的目標方向前進。一個人只有重視自己的工作，才能為這份工作付出更多的努力，才能做出更多的成績，獲得更多的升遷機會、更多的薪金、更多的榮譽，以及更多的發展空間。相反，一個人如果對自己工作馬馬虎虎，總認為自己的工作很卑微，沒有前景，之所以每天去工作只是為了餬口，對工作缺乏熱情，甚至消極怠工，工作自然不會使他成功。同樣，你認為自己能力有限，不能承擔重任，因此在工作上只是不馬虎行事，而從不去積極進取，那這些想法就注定你只能成為公司的二流員工，平平庸庸地過一輩子，不可能做出傲人的成績。

好工作人人趨之若鶩，卑微瑣碎的工作人人唯恐避之不及。但好工作和好職位是從哪裡來的呢？什麼樣的工作算是卑微瑣碎的工作呢？

一個重視自己工作的人，無論職位多麼平凡，無論工作多麼瑣碎和平凡，他都會把它們當成學習和鍛鍊自己的機會，在工作上努力做出出色的業績來，自然也會得到老闆的肯定，根本無需為未來擔心。平凡的是工作職位，平庸的是工作態度。無論你從事的工作多麼瑣碎，都不要看不起它。要知道，所有正當合法的工作都是值得尊敬的。只要努力工作、誠實勞動，沒有人能夠貶低你的價值，你在工作中所能收穫的一切，完全取決於你對工作的態度。

重視自己的工作絕對沒錯，但是當你正在勤懇工作時，你的老闆突然匆匆忙忙走進來交待你去做一件與你現在工作毫不相干的事情，你會怎麼辦？委婉拒絕：「真對不起，我還沒忙完呢。」還是心懷不滿，嘟嘟囔囔地去執行？

對於老闆突然交代的任務，你究竟該如何處理，我們的建議是：如果你的老闆注重理性的效率，那麼你最好先判斷出事情的輕重緩急，在和老闆略微溝通之後，該幹嘛幹嘛；如果你的老闆比較情緒化，容易激動，並且是個急性子，此時，你最正確的做法是，立即停止手頭的工作，馬上開始他新交代的工作。

詭道4：別解釋太多，你只需立即行動

要成為一個被上級喜歡的員工，一個能夠提供最大價值的優秀成員，你要做的便是少說話，少解釋，多動腦，多動手。

一萬句的解釋都抵不了一次真正的行動。也許你的解釋動機是好的，目的是崇高的，但是除非老闆有讓你多說一些的意思，否則少去解釋，少去尋找藉口。解釋和藉口除了讓別人嫌惡你，對你不

會有任何好處。

美國第38任總統傑拉爾德．R．福特曾說：「沒有任何東西可以代替努力工作。你或許會有數度失望，但是你工作越努力，你就越幸運。」新思（Conseco）公司是當今世界上最強有力的保險公司之一，該公司首席執行官和董事長斯蒂芬．赫爾博特在回憶自己當初的職業生涯時說：「當我一次次面對雖然長達30頁卻仍然被拒簽的協議時，面對同伴們，我沒有任何的解釋可言，我唯一可以做的就是趕緊分析自己的報告，調查自己的客戶。一句話，趕緊行動起來，動手去做。」而在他的引領下，新思公司最終站在了世界保險業的頂端。

如果你喜歡給自己找藉口，做事總是拖拖拉拉，對公司自然沒什麼好處，對你自己也同樣如此。而且，如果你習慣於為自己的行為找各種各樣的解釋和藉口，只會讓你養成懶惰的壞習慣，最終讓你在公司一事無成。即使換一家公司，你已經形成的慣性思維，同樣會讓你舉步維艱。

當你培養起雷厲風行的工作作風時，渾身上下就會充滿激情，做任何事情都信心百倍。不要太擔心犯錯誤，我們是人而不是神，誰都會犯錯誤。雖然說不做事情，就不會犯錯誤，可你在避免犯錯的同時，也會讓自己錯過很多機會。但是，如果你因為工作積極而犯錯，只要這個錯誤不是不可挽回的或者是公司無法承受的，聰明的老闆一般都會原諒你的。反之，如果你對工作從不積極，偶爾做一件事還出現失誤，不管這個失誤多麼微小，老闆可能都會讓你捲鋪蓋滾蛋。

與其花時間去做沒有任何意義的解釋，為自己尋找一些根本站不住腳的藉口，不如趕緊行動起來，努力思考，積極工作。當你拿到最終結果的時候，也就是你的價值得到最完美體現的時候。這才是你應該追求的結果。

詭道5：儘量拓寬你的工作範圍

當你發現自己承擔的工作任務越來越多時，那恭喜你——你已經完全適應該工作職位，可以眼明手快地把上司交代的工作好好完成。很多公司都有這樣的經驗，有一些員工無論如何費盡周折，也找不到適合他的職位或工作，這種人在公司裡就成了「無用的擺設」、「多餘的人」，一旦遇到公司裁員，這些員工就會被首先考慮。因此作為一名員工，你如果發覺自己在公司裡「居無定所」的話，很可能就是你的能力與公司的需要不相吻合，需要盡快設法改變這種狀況。

一個能得到公司重用的員工，大多有自己的工作範圍，別人不能輕易取代。所以，你千萬不要當散兵游勇，「四海為家」。維護自己的工作範圍是非常重要的，沒有固定的工作範圍，你就不可能做出成績；即使偶爾做出了成績，那也是為別人臉上貼金。具體來說，有兩點需要特別注意：

第一，專一服務

不要企圖服務於所有的工作，要專心服務某一項工作，並從中找到高效工作的訣竅。

張昊在一家非常有名的公關公司工作，擔任高級策劃，獨自帶領一隊人馬為很多大公司服務。張昊認為，手上的生意越多，就證明越成功，於是拚命地去開發客戶。他所帶領的小組業務收入是全公司最高的，張昊當然喜不自勝。

但接下來的問題是，客戶數量眾多，個個都要貼身跟進，工作量極其龐大，時間根本不夠用。公司的老總是業界有名的高手，一天晚上，他在外面應酬完後回到公司，看見張昊還在伏案工作，於是說：「你知不知道你可以為公司賺同樣多的錢而無須如此辛苦？」張昊愕然，開口問道：「要怎樣做？」「不要企圖服務太多老闆，只專心服務一個，把那個老闆悉心服侍好，專門從他身上找生意。」這就是說要悉心呵護一個大客戶，然後從他那裡充分發掘潛力。當你只有一個客戶時，因為你對他的脾氣、喜好、需要都非常熟悉，你為他服務就可以獲得事半功倍的工作績效。同樣道理，如果你在公司內有多個長官，作為下屬，你最好認定一個主要目標，盡力投靠他的門下，得到這個主管的重用就足夠了。

第二，分清緩急

老闆交代的工作必須第一時間處理，無論你手頭的工作多忙，你都要停下來，先把老闆交代的工作辦了。如若不然，不論你所做的工作是多麼重要，也不論你後來完成得多麼完美，但你不拿老闆的命令當回事，最終的結局也是「吃力不討好」。有些員工只知道努力工作，分不清輕重緩急，把上司的囑咐壓後處理，先埋頭苦幹了別的事情，這無異於一種「自殺」行為。

即使你把全公司各部門需做的工作都妥善處理好了，各位同事又都在老闆面前為你大唱讚歌，但老闆也會因為你的「怠慢」和不聽指揮，對你的印象好不到哪裡去。

請記住，老闆們總有一種「羅馬應該在昨天就建成」的心理，他所交代的工作是必須要第一時間獲得處理，爭取完成的。如果老闆每次交代的工作，你都能又快又好地完成，必然會給他留下辦事果斷且效率高的印象，以後若是遇到別的同事向他投訴你辦事不力的話，也難以改變他對你的好印象。

★詭之辯

職場流行一句話：「職場守則第一條：老闆永遠是對的；第二條：如果發現老闆錯了，請參照第一條。」這句話強調了老闆對員工的絕對領導關係。

老闆是什麼人？老闆是僱傭你、給你發薪水的人。想讓老闆賞識你、重用你，就得讓自己成為老闆心目中的人才。聽話的員工未必是好員工，但執行力強的員工絕對是好員工。別總想著你和老闆在人格上是平等的，你有權發表自己的不同意見，你向老闆提抗議其實是對公司負責。而實際上，你拿什麼對公司負責？老闆才是對公司真正負責和負得起責的人。你的那些所謂見解和意見，在老闆眼裡不過是給自己尋找藉口罷了。所以，與老闆保持高度一致，是你在他手下獲得生存和發展機會的必要前提。

無論你自認為自己多麼的「才華出眾」、「不可替代」，都不要試圖去違抗老闆的命令，挑戰老闆的權威。否則，老闆可能會「揮淚斬馬謖」，把你掃地出門。如果你自認還不夠出色，那在老闆面前就更要收斂自己的鋒芒和驕傲，做一個對老闆命令不折不扣的執行者，用你的實際行動去贏得老闆的信任和青睞。

你的工作業績、人際關係、個人涵養、對待工作的態度……你要清楚地瞭解老闆對你的期望，只有達到或超過這些期望，老闆才會真正認可你的工作，認可你這個人。很多人常常抱怨自己懷才不遇，抱怨得不到加薪或晉升，孰不知他們只站在自己的高度在考慮問題，他們根本不清楚、也不理解公司對他的期望到底有多高？

小結

到底靠什麼獲得老闆的認可和青睞，使自己在短時期內脫穎而出、不斷晉升到更高的位子上去呢？

有人說，靠學歷，有一張金光閃閃的學位證書就一切OK；

有人說，靠關係，只要「朝」裡有人，就好做「官」；

有人說，靠口才，只要應聘時口若懸河，說得天花亂墜，主管就會「龍顏大悅」；

還有人說，靠拍馬屁，把上司捧「暈」了，自然會受到重用。

然而，實踐證明，這些東西現在似乎不再有效了。更多的時候，我們要將自己的姿態放低一點，少說一點，多做一點，要靠實實在在的業績證明自己的個人價值。

只有出色的業績，才能使我們成為不可被替代的重要人物、核心人才。把自己的努力與公司的需求結合到一起，創造輝煌的業績，來實現自己的職場價值。

當然，從「詭道」方面來說，你的價值還體現在對命令的執行能力上。

對應該幹好的工作，要想方設法按時保質地完成；對有難度的任務也不能推三阻四：「這項工作我從沒涉及過，恐怕完成得沒有那麼完美。」「我現在手頭正忙，沒有精力做這件事。」「小張對這方面有經驗，還是找小張吧。」……你應該像「把信送給加西亞」的羅文那樣，一聲不響地接受任務，全力以赴地去完成。有困難，你要克服困難；沒有條件，你要創造條件。在這個過程中，你的工作能力自然會得到鍛鍊和提高。即使最後任務沒有按時完成，甚至是做砸了，也不要找藉口推卸責任：「我那幾天感冒了，提不起精神來。」「市場部的數據傳得太遲了，要不……」「下一次我一定會做得很出色。」……這些藉口幫不了你，也救不了你。要牢記，身在職場，永遠都不要給自己尋找藉口。

第2章　躲不開的同「事」操戈

彼此若為同事，天天在一起工作，低頭不見抬頭見，相互之間的競爭是必然的。除了業績、職位、薪酬等工作上的競爭外，還會因為各種各樣雞毛蒜皮的小事發生衝突。每個人的性格、脾氣都不一樣，稍不注意就會引起各種各樣的糾紛、衝突。

這種糾紛和衝突有些是表面上的，有些是背地裡的；有些是公開的，有些是隱蔽的；有些表現於外，有些是潛伏於內的。種種糾紛和衝突交織在一起，便會引發各種人際關係問題，想躲都躲不開。有人甚至說辦公室簡直就是「人間地獄」：一切欺瞞狡詐，在小小的格子間裡司空見慣，每天都在上演。

正道：上班是做事的，不是鬥氣的

案例故事

小王和小張在同一家公司的同一個部門工作，分別負責產品銷售統計的製單和核單工作。這是兩個密切相關的工作職位。

一天午餐時，小王當著同事的面，無意中說了一句「小張今天穿的衣服太『沒氣質』」，讓小張覺得很沒面子。小張學歷不好，十分在乎別人說自己「沒氣質」，所以臉當時就黑了，可又不好發作，但在心裡耿耿於懷。本來一直不錯的同事關係一下子變得冷冰冰的。工作雖然在繼續，但仇恨的種子已經在小張的心裡埋下——他在等待機會報復小王。

時隔不久，小張的機會來了。一天，小王填單據時出了差錯，小張核對時發現了，因他對小王「懷恨已久」，所以故意不予指出。結果倉庫發錯了貨，給公司造成了經濟損失。經過調查，老闆知道了事情的來龍去脈後，小王被處以罰款，而小張則被掃地出門。

同在一個辦公室，同事之間因為性格脾氣的緣故，發生一些不愉快在所難免。而且，由於同事之間的競爭關係，大家為了往上「爬」，所以很多情況下，往往把競爭看得比合作更重要。同事關係之中常常出現下面的一些情況。比如：別人的見解，別人的處理方法，每個人都會拿來與自己的比較，一旦認為別人的水平不如自己，處理事情的能力不如自己，就會產生不服氣。假如某人幹得很出色，獲得上司的肯定與看重，則又會令他人產生嫉妒之心，儘管很多人不會意識到也不願意承認這是嫉妒。

在工作當中，同事之間因為工作角度和個人喜好的原因，產生分歧是很正常的，但如果因此影響到工作，就未免太小家子氣了；如果因此給公司造成損失，那麼你離「死期」也就不遠了。就像上面案例中所說的，小張報復小王的目的是達到了，可自己卻付出了比小王更慘重的代價。身在職場中的人們，一定要切記：上班是做事的，不是鬥氣的。

正道1：與同事競爭時，要避免結怨與仇視

面對同事之間的競爭，我們要時刻提高警惕，小心被踹下馬或拉下馬。但是，千萬不要在競爭和較量中，把人際關係搞得不可收拾，絲毫沒有餘地。

面對同事之間的競爭，有的人四處設防，滴水不漏，保護了自己也隔離了自己；還有的人，喜歡在別人背後「插上一刀，踩上一腳」。這些極端做法，只會加大同事間的隔閡，製造緊張氣氛，對

工作有百害而無一利。其實在一個團隊裡，每個人的工作都很重要，你可以超越你的同事，但沒必要把他當成你與之較勁的對象；當同事在你之上時，你不必存心找碴；當同事在你之下時，也沒有必要心存蔑視。無論同事如何使你難堪，千萬別跟他較勁，輕輕地露齒微笑，對方自然就會「偃旗息鼓」。靜下心來做好自己手頭的工作，你來上班唯一的目的就是來工作。說不定在他跟你生氣的時候，你已經做出了業績。

莎士比亞曾經說過：「警惕嫉妒，它是生出惡果的綠眼睛怪物，它意味著貪得無厭。」的確，在現實生活中，那些愛嫉妒的人的共同表現是：見不得別人比他強，當發現別人比他強時就會心生怒火。眾所周知，三國時期周瑜的英年早逝就是源於他極強的妒嫉心理。這種不健康的心理如同病毒一樣侵蝕著周瑜的心靈，令他喪失理智，發出了「既生瑜，何生亮」的憤然慨嘆，最終怒氣攻心而死。由此可見，嫉妒的危害是多麼的巨大。同事之間，應該正當競爭，少些嫉妒心，儘量避免結怨的情況出現。

在職場，只有心中無敵，才能無敵於天下。正如羅曼．羅蘭所說：「只有把抱怨別人和環境的心情，化為上進的力量，才是成功的保證。」所以，不要過分「仇視」別人，大家都是為了生存而奮鬥，沒有必要結下個人恩怨。

我們要剔除心靈的毒瘤，就必須從實際做起，從現在做起，從自己做起。當我們遇到比自己優秀的人時，不應該嫉妒他，而應該高興自己又多了一個優秀的競爭對手，要多向對手學習，用他人之長補自己之短，從而使自己不斷得到完善。同時，還要樹立堅定的信念，不要因為對手的強大而嚇倒自己，而要靠自己的辛勤努力，靠自己的執著精神去超越對手，爭取最後的勝利。假如自己的努力仍然沒有獲得最後的勝利，我們也無須氣餒，至少它證明了我們還存在不足，還有很多地方需要提高，這給我們提供了一種無形的動力，以便在以後的工作學習中更加虛心、更加努力。

正道2：一葉孤舟難遠航，同事合作很重要

同事關係就工作而言是一種合作關係，就個人利益而言是一種競爭關係。競爭與合作的關係像手心手背一樣，是同一體中的兩個方面。同事坐在一起時可以談天說地、歡聲笑語，可往往就在這親密、融洽的氣氛中藏著陰霾。尤其是站在一條起跑線上的同事，當個人利益受到損害時，就會變成笑裡藏刀的對手。「同行是冤家，同事是對手」，這被奉為同事關係的真經，讓同事之間成了「熟悉的陌生人」。「一個和尚挑水喝，兩個和尚抬水喝，三個和尚沒水喝」的故事，雖然傳了一代又一代，但我們仍然沒有從可怕的內耗中走出來。

在現代社會，人與人之間的合作越來越密切，失去同事們的合作，孤舟是難以遠航的。因此，贏得同事的合作非常重要。

有很多人得不到同事的支持和配合，很大程度上是由於他們不能與同事友好相處。實際上，這並非他們有意為之，而是因為他們較少考慮到自己的行為是否會使其他同事產生不快，很少注意自己為人處世的方式方法。不論是在家裡還是在公司裡，他們都喜歡以自我為中心，不能與同事和平共處，有意無意中常常對同事使性子、拉臉子，甚至出言不遜，不懂得人與人之間是一種平等的相互依存的關係。

一個人再有能力，也不能離開其他人而獨立生存。如果你經常把人際關係搞得十分緊張，時間長了，同事們就會對你敬而遠之，你自己也就成了不受歡迎的「孤家寡人」。不願意也不能與同事建立良好的人際關係的人，一般都是「毫不利人，專門利己」的占便宜者，他不能為別人提供任何幫助，自然就會受到排擠；而樂於助

人者則容易被大家接納。與同事交往不是變戲法或耍心眼，只要你心底無私地善待別人，大多時候別人也會以同樣的方式回報你。

如果每個人都能把建立良好的同事關係當成工作中的一種目標，把維護良好的同事關係當成一種責任，把平等當作一種義務，在與同事交往時自覺注意自己的言行，求大同存小異，充分尊重對方的興趣和愛好，不求全責備，我們就能與不同性格的同事平等相待。

有位哲人說過，世上有三種人：一種人離生活太近，不免陷入利害衝突；一種人離生活太遠，往往又成了不食人間煙火的隱士；還有一種人與生活保持一種恰當的距離，這種人就是豁達的人。享受生活而不苛求，寬容大度而不自私狹隘，只有這樣，你才能夠與同事保持融洽的合作關係。

正道3：與同事不和時，化敵為友為上策

當你在工作中非常需要另一個人的幫助，而這個人又曾經與你發生過衝突，這時，你該怎麼辦呢？顯然放棄不是什麼好辦法，雖然這樣做可以讓你省心省力，不傷自尊也不損面子，但這會影響到你工作的進度和成敗，而且會使你失去一個得力夥伴。你應該做的是化敵為友，使對方成為你的朋友。以下的兩個做法可幫你達到這個目的。

1.勇於承認自己的不對之處

不要總害怕承認自己的不對，以為這樣別人就會看不起自己。其實，真正有能力的人都是敢於承認自己錯誤的人。

即使你的同事在接受你的友好表示時，沒有表現出很開心的樣子，對於他提出的意見或建議，你也應該樂於接受。當然，這並不

意味著每當有過分好鬥的同事向你發起攻擊時，你都要舉手投降。你首先應該考慮的是，對方所說的話中包含的訊息，而不是說話的人。你應該客觀公正地對待你得到的意見，即使這種意見不是用一種特別客觀的方式表達的。而且，有個小祕密要記在心裡：承認自己錯了，常常能夠帶來讓對方閉嘴的好處。這是一種製造驚人沉默的經典方法。

2.對挑釁性的問題不要理會

有時候，別人會問你一些具有挑釁性的問題：「你以為你是誰？」「你上學的時候，難道老師沒教過你這些嗎？」「你從來就沒聽過什麼叫緊急計畫嗎？」這類問題，根本就不是詢問什麼訊息，只是為了使你失去平穩的心態。

不要帶著感情色彩去回答他們——根本就不要回答。索性假裝壓根兒就沒從你同事的嘴裡說出來，你只管回到你的主題：你想做什麼事情？你的計畫是怎樣的？你希望怎樣去做？這樣，不給你的同事向你破口大罵的機會，就會減少引發戰火的機率。

3.讓對方知道你非常需要他

這一點是很重要的，能在很大程度上調動起對方的積極性。當然，你是否真的需要，那是另外一回事。我們的想法是利用這樣的一種接納來提高對方的自尊，對方一高興，就可以避免把談話負面，儘可能地減少或消除將來的敵對怨恨。你可以告訴對方，自己工作中的某個方面，非常需要他提供意見或指導。如果你要把這些方面進一步加以細化明確，他通常都不會太反對。

★正之解

我們無法選擇同事如何對待我們，卻可以選擇如何與同事相處。與同事相處，保持一定的距離是最好的相處之道。只有和同事們保持恰當的距離，你才能成為一個真正受歡迎的人。每個人都有自己的祕密或者喜好，你應當學會體諒別人。不論職位高低，每個人都有自己的工作範圍和職責所在，所以在工作程序上，切莫喧賓奪主。不過，你要記住，永遠不要說「這不是我分內事」之類的話。過於涇渭分明，只會搞壞同事間的關係。在接受新任務的時候，你應該虛心地問問上司或者其他的同事：「我們希望得到什麼樣的結果？您對此有何建議？您覺得我們應該先從哪裡開始？」這種虛心其實不用你付出任何成本或代價，但卻可能帶來巨大的回報。

記住，你是來上班的，是為了更好的生存。請不要把你的大好時光浪費在與某些同事的鬥氣上，無論他多麼「對不起」你。如果他真的不對，你可以認真思考，然後想辦法化解；如果實在化解不了，請權衡利弊，與其與之鬥氣，不如用這個時間去做更多的事。當你把自己的注意力轉移的時候，其實你已經是最大的贏家了。

詭道：你的隱私是同事攻擊你的利器

案例故事

佳佳在一家公司上班的時候，辦公室裡有個年輕的男同事一直暗戀她。有一次這位男同事找了個機會向佳佳表白，說自己很喜歡她。當時佳佳已經結了婚，於是告訴男同事這是不可能的。雖然這位男同事很失望，可是他對佳佳的好感並沒有因此減少，心裡一直還存在著一絲幻想。畢竟喜歡一個人，不是那麼輕易就可以放棄的。所以，這位男同事總在暗地裡關心佳佳，在工作和生活上幫助佳佳。

佳佳雖然明白自己不是「自由之身」，但她對這位男同事也並不反感，所以也很樂於享受這位男同事的關心和照顧。雖然從表面上看，兩人之間是很正常的同事關係，而且男同事也沒有繼續去糾纏佳佳，但在他們兩人的心中，的確存在著一種無法言喻的微妙情愫。

後來，有個和佳佳關係不錯的女同事發現了這位男同事對佳佳的關心，就追問佳佳到底怎麼回事，佳佳也沒多想就告訴了她。

可是誰也沒想到，沒過多久，因為工作上的事情，佳佳和這位女同事鬧僵了，而且這位女同事，以佳佳當初向她透露的情感隱私作為攻擊佳佳的武器，而且還添油加醋地添加了很多「料」。這讓佳佳非常難堪，同事們也議論紛紛，最終她不得不選擇離開這家公司。

可能有人說，佳佳玩這種「辦公室曖昧」的遊戲，咎由自取，自作自受。其實不然。我們誰不願意被別人喜歡，而願意被人恨呢？再者，你可以不接受別人，但阻止不了別人喜歡你。而且，佳佳和這位男同事之間其實並沒有什麼。佳佳的問題在於：第一，她不應該把自己的情感隱私告訴同事，這相當於把自己的「命門」告訴了別人；第二，不應該因為工作上的事情與同事鬧僵，從而使別人有「理由」攻擊自己。

在職場上，類似的故事每天都在上演。如果你不想把把柄落在別人的手裡，不想讓自己的隱私成為別人攻擊你的利器，就一定要管好自己的嘴巴。

詭道1：可與人為善，但不要隨便交心

做一個「公司人」，社交活動不免與公司有關。下班之後，與同事一起喝杯酒，聊聊天，不但有助於日常工作，還可能知道與公司有關的消息。因此，公司所辦的各種聚會，自然要參加，與同事及上司打一兩場「社交麻將」也很有必要，但有一點要記牢：不可隨便交心。

同事之間，只有在大家放棄了相互競爭，或明知競爭也無用的情況下，才會有友誼的存在，但在公司內部這種情況很少出現。假如有一天，你或者你的同事離開了原來的公司，你們之間由同事關係變成了純粹的朋友關係，那麼這種友誼是值得珍惜的。但是，你不要奢望在同一間辦公室裡真的有友誼存在。在利害衝突面前，所有的個人感情統統靠邊站。畢竟，我們不能靠感情行事，一切都要講規則，無論是顯規則，還是潛規則。

如果你交了真心，動了真感情，只會讓自己徒增煩惱。比如說，甲與乙是同級，而且是好朋友，但只有一個升級的機會。如甲升了級，乙沒有升，乙會怎樣想呢？乙若繼續與甲友好，免不了會被人認為是趨炎附勢；甲主動對乙友好，也會讓人覺得不真實。所以，你能做的就是，客觀理性地對待工作和同事，儘量不要摻雜個人情感和道德評價。如果你能做到這點，你不僅廣受歡迎，而且會受人尊重，別人即使想攻擊你，也無從下手。

與同事隨便交心，就相當於把自己的個人隱私、性格弱點等這些能對你造成致命殺傷力的「武器」，完全交給了別人，等到某一天，別人用這些武器向你「進攻」的時候，就會完全沒有抵抗能力。所以，如果你不想在職場上被別人「傷」得太深太重，就不要隨便與同事交心，不要把自己的底牌都交給別人。

詭道2：可力爭上游，但要注意保存實力

藍領與白領不同的地方之一，是藍領向上流動性不大，升遷的機會不多。因此，藍領工人通常採用人海戰術，集體討價還價，要求加薪或改善待遇。而白領階層則有很多單兵打仗的機會，雖然誰都嚮往升職加薪，但很少人人有份。因而白領之間不但沒有藍領的同志感情，往往還互相猜忌、爾虞我詐。這種「作戰」環境有如深

入敵後、孤軍作戰的游擊隊。

如果你幸運地獲得了升職加薪的機會，也不要太張揚，你還是原來的那個你，身上並沒有發生本質的變化。「韜光養晦、睦鄰友好」是需要堅持的一貫原則。假如很「不幸」，獲得升遷的不是你而是別的同事，不管你心裡有多麼的不痛快，也要表現出很大度的樣子恭喜他，沒準日後還真的要仰仗他呢。

許多力爭上游的白領，很注意將對手打倒，卻不善於保存自己的實力，這是很不明智的。我們一方面要與同事「友好」競爭，一方面要在競爭中保存自己的實力。在勢孤力弱的情況下，就要夾緊尾巴，千萬不要露出要向上爬的樣子，否則就會成為眾矢之的。俗話說：「不招人忌是庸才。」但在一個小圈子裡，招人忌是蠢才。在積極做事的時候，最好擺出一副「只問耕耘，不問收穫」的超然態度。

詭道3：不小心碰到別人癢處，就趕緊捂住自己的痛處

你可能是個十分謹慎的人，但是也不能保證自己每時每刻都可以做到「滴水不漏」。如果不小心說的一些話或做的一些事觸及了到某些人的「癢處」，那就趕快捂緊自己的「痛處」。

在同事相處中，有些人總想在嘴巴上占便宜。有些人喜歡說別人的笑話，討人家的便宜，雖是玩笑，也絕不肯以自己吃虧而告終；有些人喜歡爭辯，有理要爭理，沒理也要爭三分；有些人不論國家時政大事，還是日常生活小事，一見對方有破綻，就死死抓住不放，非要讓對方敗下陣來不可；有些人對本來就爭論不清的問題，也非要爭個水落石出；有些人常常主動挑起事端，別人不回應他，他就批評別人「冷漠」......這些都會破壞同事關係，搔到同事

的癢處。

同事是工作夥伴，不可能要求他們像父母兄弟姐妹一樣包容和體諒你。很多時候，同事之間最好保持一種平等、禮貌的夥伴關係。應該知道，同事之間有些事不必問，有些話不能說，有些祕密不能探究，如果你不小心碰到了他的「癢處」，讓他很羞愧，很憤怒，很委屈，或者有苦沒處說，你就要小心了，說不準在什麼時候，你的家庭背景，你與上司的私交，你與某些親人或者朋友的關係，你的一些與眾不同的思想，甚至你的某些與傳統相悖的生活習慣，都可能會成為他攻擊你的武器。

詭道4：可走近一些，但不要談同事的隱私

「嘿！他真是守口如瓶？」如果一個人能被別人這樣認為的話，他一定是具有強大說服力的人。這種人很容易讓同事信任，把一些該說的不該說的話都統統告訴他。無形之中，很多不為人知的同事之間的或者公司內部的祕密訊息，都被他掌握了。雖然他不會去搬弄是非，造謠生事，但遇到合適的機會時悄悄地利用一下，總是有備無患的。

遺憾的是，很多人都做不到這一點。即使不在辦公室裡說，也會藉著喝酒的時候來說同事的壞話，批評某同事的作風，謾罵某同事的無理......這種「毛病」很多人都有，所謂「酒逢知己千杯少」，「我跟你說的可都是掏心窩子的話」，這些人除了喜歡借喝醉酒來胡言亂語，還喜歡說一些大話、空話。

另外還有些人喜歡把聽來的小道消息添油加醋地到處傳播，唯恐別人不知道。「老王的太太紅杏出牆，誰不知道！可憐的老王老是教訓我們別到外面去風流，沒想到，自己的太太卻......哈！」

雖然你再三叮囑別人不要把自己的話說出去，「這話我們說哪

了，別再說出去」，讓別人不要到處亂說，自己卻先說，以為別人也跟自己一樣「弱智」。這樣的話說多了，一來容易讓別人看低你，二來也會給自己埋下定時炸彈，說不定哪天就把自己給炸得「血肉橫飛」。

作為同事，他可能不會有意把你的話說出去，但如果他是在「無意之間」說出來的，你還能讓他把說出來的話收回去嗎？再說，要收也是你自己先收。假如你散播的某件事傳到當事人的耳朵裡，他會怎麼想，又會怎麼做呢？你很難去想像。而其他相關人員也會有這樣的感覺，「那個傢伙實在是太多嘴了，留不住一句話，可惡極了！」如果你被他們這樣認定，你在同事心目中的「高大形象」就完全毀了。

因此，有關同事或者朋友的隱私和祕密，千萬不要到處亂說。「病由口入，禍由口出」，這句話不是沒有道理的。

詭道5：可心懷不滿，但不要在同事面前批評上司

有時候，上司因為工作或家庭的事情，心情很惡劣，這時如果你恰好出現在他面前，那很可能會遭遇厄運，代人受過了。很多人都經歷過這樣的事情，在白天被上司沒來由地大罵一通之後，喜歡晚上約個同事喝酒聊天，然後對著同事大發牢騷。他們往往認為同事既然和自己喝酒了，應該就是站在自己這一方的，藉著酒氣，對上司大肆批評。對於這樣的事情，一定要避免發生在自己身上。

不論多麼值得信賴的同事，當個人利益與同事友情無法兼顧的時候，朋友也會變成敵人。在這個世界上，「沒有永遠的朋友，也沒有永遠的敵人，只有永遠的利益」。在同事面前批評上司，無疑是自丟把柄給別人，有一天身受其害可能都不自知。

當你準備向同事大倒苦水的時候，一定先探探對方的口氣，看

看他是否同意自己的看法。另外，就算是你有一肚子苦水，在向別人「傾訴」時，也不要過於激動，說一些激動的話。無論你感到多麼壓抑、多麼鬱悶，如果不想馬上捲鋪蓋走人，那就別在同事面前圖一時口舌之快，而給自己留下「殺身之禍」的隱患。

有的時候，你可能並不是有意批評公司或者老闆，只是午休或乘電梯時，無意間發了點小牢騷，同事也許不會出賣你，但他如果「不小心」說出去了，你又能怎麼樣呢？到時候去找老闆解釋說「我其實不是這個意思」，老闆反問你一句「那你到底是什麼意思？」結果可能越描越黑。而且即使同事沒有出賣你，你也要當心隔牆有耳。

你本來是與同事閒聊，並沒有什麼目的性，可是你的話結果經過一些人的渲染加工後，變得好像公司制度多爛、主管或其他同事為人多令人不齒。就連國家法律都有不健全的地方，何況是公司的制度呢？而且，對同事傾訴工作鬱悶，在人際相處上也是不妥的做法。畢竟同事間的互動，應該是彼此勉勵打氣，而不是情緒化地攻擊他人，否則很容易變成連鎖反應。漸漸地，上班開始變成一種折磨，因為你原本的不滿被擴大了，周邊的人也和你一樣悲觀、挫折，這種負面情緒，會嚴重打擊你的工作態度和人際關係。

另外，就算你與同事感情再好，也應該知道「同事本是同林鳥，大難來時各自飛」的道理。

★詭之辯

西方有句諺語：「你希望別人怎樣對待你，你就應該怎樣對待別人。」這句話被大多數西方人視作工作中待人接物的「黃金準則」。真正有遠見的人不僅要在與同事一點一滴的日常交往中為自己累積最大限度的「人緣」，同時也會給對方留有相當大的迴旋餘地。給別人留面子，其實也就是給自己賺面子。

言談交往中少用一些「絕對肯定」或感情色彩太強烈的語言，而適當多用一些「可能」「也許」「我試試看」和一些感情色彩不強烈、褒貶意義不太明確的中性詞，以使自己伸縮自如，進退有據。別把自己放到懸崖邊上，一點迴旋的餘地都沒有。

小結

對公司來說，同事之間氣氛越好，大家的心情就越好，工作效率就高，主管自然就高興。問題是「一樣米養百樣人」，人是很複雜的，同事之間要永遠一團和氣，不過是奢望而已。有人形容辦公室為「人間地獄」，一切奸詐欺哄，互相傾軋，在辦公室裡司空見慣。就拿與同事的關係來說，如果你要事事認真、斤斤計較的話，每天都可以找到四五件令自己生氣的事情，如：被人誣害、同事犯錯連累他人、受人冷言譏諷等。有的人不好即時發作，便暗自把這些事情記在心裡，伺機報復。其實這種仇恨心理，不但無法損害對方分毫，反而會影響自己的情緒，得不償失。

因此，在職場上儘量不要樹敵，有了敵意要設法消除。不要讓同事成為你前進道路上的「絆腳石」。平時要多注意自己的言行舉止，不要談論別人的短處，要眼觀六路，耳聽八方，只有這樣，才能在職場上遊刃有餘。

不管同事怎樣冒犯你，或者你們之間產生什麼矛盾，總之「得饒人處且饒人」。多一事，不如少一事。凡事能夠忍讓一點，日後你有什麼工作差錯，同事也不會做得太過分，直擊你的痛處，迫你走向絕境。要培養出這種豁達的心境，就需要將心思意念集中在一些美好的事情上，如：對方的優點，你在公司取得的進步等。當你的報復或負面的思想產生時，就想想卡內基的忠告，叫自己停止再想下去吧！你要牢記一件事：你來到這裡是做事的，不是浪費時間與人鬥氣的！

第3章　遭遇「大人物」的痛楚

公司中有背景的職員，猶如公司中的「大人物」，是公司中一個特殊的群體，他們與老闆關係非比尋常，常常仗著自己的特殊身分在公司中搞特例。他們的存在往往給一般職員和中層管理者帶來很大的困擾，很多人都對這種「大人物」心生怨恨，頗有微詞，可是又沒辦法，只能聽之任之，甚至還要時不時地賠上笑臉。由於他們跟老闆有千絲萬縷的關係，時常能左右老闆的決策，所以大家對他們敢怒而不敢言。

正道：避開「大人物」的鋒芒

案例故事

魏瑩新進了一家外資企業公司，原以為這樣的公司應該個個精明強幹，但人資秀秀，幾乎是一個吃閒飯的，每天的工作只有一件：統計全公司200個職員的午餐成本。天！魏瑩驚嘆：沒想到競爭如此激烈的社會，公司居然養這樣的閒人。

一天，魏瑩去行政部找阿玲領文具，秀秀也來領，最後就剩了一個文件夾，魏瑩笑著搶過說先來先得。秀秀不高興地說你剛來哪有那麼多的文件要放？魏瑩不服氣，「你每天就做一張報表，又有什麼文件要放？」阿玲連忙打圓場，從魏瑩手裡搶過文件夾遞給了秀秀。

魏瑩氣呼呼地回到座位上，阿玲端著一杯咖啡悠閒地走進來：「怎麼了，美女？還在為剛才的事情生氣？你知道嗎，秀秀她小姨每年給我們公司500萬的生意，公司裡誰都不敢得罪她，就連老闆也要給她三分面子。」魏瑩聽後，半天說不出話來。

對於公司裡的一些「大人物」千萬不要在言語上刺激他們，也不要在利益上與他們發生紛爭，尤其不要為所謂的「正義」而揭發或指責他們，這樣做不會給你帶來任何好處，相反只會害了自己。你要想想，連老闆都要給他們面子，你受的那點委屈又算得了什麼呢？千萬別跟他們嘔氣，也不必跟自己的身體過不去。

正道1：對主管，要學會寬容和理解

喬安在一家公司勤勤懇懇地工作了三年，前任主管離職後，他滿以為這個位置非他莫屬。可是沒想到，老闆認為外來的和尚會唸經，從外面招聘了一個主管。喬安心裡很不服氣，覺得新主管無論在工作能力方面，還是在為人處世方面都特別窩囊，很多同事也說新主管的能力不如喬安。這樣一來，喬安就更感到壓抑。

職場中，我們經常會遇到與喬安相似的煩惱，這時候該怎麼做呢？是整日鬱鬱寡歡，消極抵抗，還是直接越級，向老闆反映呢？其實，這兩種做法都欠妥。老闆對於我們普通員工來說，那是響噹噹的「大人物」。

對於主管，你切不可感情用事，一定要理智地分析和看待他。當你心裡產生抱怨的情緒時，要先問問自己：對主管的反感，是不是帶有濃重的個人感情色彩？主管身上真的是找不到一絲優點嗎？我們一定要學會客觀看待所遇到的問題。

老闆開公司是為了賺錢，他自然會把盈利放在第一位。因此，老闆絕不會安排一個無用的人在任何一個部門。看清了這一點，我們就會理解，這個主管還是有存在的必要的。退一萬步說，即使主管不稱職，沒有能力，但是他有權利。

當老闆下達命令時，我們的心裡一定要清楚，我們真正服從的不是老闆，而是我們的職業和我們所熱愛的事業。老闆，不過是我們工作的指南針而已。在心裡不要產生對立的情緒，畢竟很多時候我們無法選擇。人，總要學會適應，總要學會和各種各樣的人打交道。有時，儘管我們討厭某些人，但依然要同他們交往。這倒不是因為他們有什麼神祕力量吸引我們，而是出於一種生存的需要。我們必須知道，哪些事情是重要的，哪些事情是必須忽略的。

對主管產生抱怨和牴觸情緒，會讓我們在工作時不支持和配合他，一心想讓主管的工作出錯，讓主管當眾出醜。當我們不斷給他的工作製造麻煩的同時，我們自己的工作還能順利嗎？報復的同時是否也會給自己帶來傷害呢？

正道2：對待老同事，要時刻尊重他們

年輕人剛進入職場，最怕遇到喜歡倚老賣老的同事，這些老同事喜歡處處干涉、事事指導，年輕人無法好好施展自己的才能。那麼，你應該如何對待這些「職場老人」呢？

其實，面對這些特殊的「大人物」，尊重他們是上上之策。

有些老同事在公司裡通常是年資夠久、經驗豐富，卻升不上去的人。不過，這樣的人通常手中都握有籌碼，才敢如此倚老賣老。

對一個新人而言，當務之急自然是盡快融入到團隊當中，以適應企業文化與環境。

作為新人，你可以透過對老同事的敬重有加，迅速贏得他對你的好感，透過與老同事的接觸，藉以瞭解組織形態。此外，你要記住，不要試圖去反駁他的看法，以免因為得罪意見領袖，而間接壞了與其他同事的關係；而且，你可以運用他喜歡「指導」新手的嗜

好，在最短時間內熟悉工作內容與業務流程。

如果某位愛倚老賣老的同事實在干涉過多，他的看法也與你、甚至與主管相左時，千萬不要與他正面衝突，這樣的人通常都愛面子，為他保留顏面，給予他充分的尊重，才是萬全之策。因為真正過目、批準文件的人是主管，並不是老同事，新人只要在表面上顯示服從的態度即可，你仍然可以做自己認為正確的提案，沒有必要去和他爭出個子丑寅卯來。這樣的爭論純粹是浪費時間，於工作毫無益處。

正道3：對有經驗的同事，要謙虛請教

同樣一件事情，有的人會做得很漂亮，有的人也許就做得很艱難。關鍵就在於誰的經驗豐富，誰的訊息充分，以及誰的資源更多。那些在經驗、訊息以及資源方面都非常充足的人，無疑會受到老闆的器重，他們是職場中的「大人物」之一。

這些「大人物」們通常脾氣都很大，如果你的經驗和能力還稍顯不足，那麼你就要跟他們搞好關係，輕易別得罪他們。即使他們有時候讓你很難堪，下不了臺，你也要多想想他們的長處和優點。要堅信一點：每個人都有自己獨特的優點。換一個角度欣賞別人的時候，你會看到很多自己還需要改進的地方。

我們應該保持一種虛心的態度，多向有經驗的同事學習，養成隨處留心的好習慣。這樣在不經意間，我們就獲得了很多需要額外的時間精力才能獲取的經驗。這些經驗都是別人在工作實踐中得來的寶貴財富。雖然你沒有親身去經歷，但你得來全不費功夫。比如你要辦一件蓋章的事情，有好幾個部門要去。你應該事前就瞭解哪些人是可以簽字的人，哪些人是負責蓋章的人，要去的地方都在什麼位置，規定什麼時間可以蓋章，是否有捷徑可走等等，我們都可

以從辦過此事的同事那裡學習，也可以聽聽同事的意見使自己更快捷地弄清楚辦事程序。這樣一來，你可以少走很多彎路，辦事效率自然就提高了。

★正之解

一般人都認為，在公司裡只要盡心盡力，取得業務實績，贏得上司的賞識和歡心，加薪提升就指日可待了，而對那些靠特殊關係而存在的同事，或者地位、能力、資格比自己強的人，則沒有必要去特別對待，認為得到他們的協助是理所應當的，所以平日就對他們指手劃腳，急躁起來甚至會對他們頤指氣使，拍桌子瞪眼。這是一種非常嚴重的錯誤做法。

事實上，有些辦公室的「大人物」，看似職位不高，權力也不怎麼大，但是，他們所處的地位卻非常重要，他們的影響無處不在。要想安全地避開他們這片雷區，就不要輕視和怠慢他們，但同時也不要與他們交往過於密切，保持一種正常的同事關係就可以了。

見面說些「今天天氣真不錯」「你這件衣服很漂亮」之類的話就可以了，千萬別去和他們談論別人的隱私，編某人的不是，就連發些牢騷都是不合適的。不要跟他們「拉幫結派」，走得太近，因為一旦引起眾怒，「大人物」上面有人罩著，而你可能就沒有什麼好果子吃了。

詭道：搞定職場中的小人要有一套

案例故事

1898年，以康有為、梁啟超為首的維新派，在中國掀起轟轟烈烈的維新變法運動。雖然變法維新得到了光緒皇帝的大力支持，然而光緒卻是一個有其名無其實的皇帝，朝政完全被慈禧太后所把持。

由於維新派缺少實權，變法之路十分艱難。恰在此時，榮祿手下的新建陸軍首領袁世凱來到北京。袁世凱在康有為、梁啟超、譚嗣同等人的遊說下，明確表態支持維新變法。康、梁、譚等人認為變法要想取得成功，非有軍人的支持不可，於是鼓動光緒在北京召見了袁世凱，並加封他為兵部侍郎，專管練兵。袁世凱受此隆恩，慷慨激昂地表示：「只要是皇上的命令，我一定拚命去幹。」

然而，袁世凱其實是個老謀深算的政客，工於心計、詭計多端，且善於見風使舵。他心裡很清楚，光緒手中既無兵又沒錢，不可能是慈禧的對手。康、梁、譚等人和光緒對袁世凱都看走了眼。在譚嗣同密告袁世凱準備發動政變的第二天，袁世凱就把維新派的行動計劃一字不漏地告訴了榮祿。結果導致變法徹底失敗，光緒被慈禧軟禁，康有為、梁啟超被迫流亡海外，而譚嗣同則自願為變法犧牲，在北京菜市口引頸就戮。

像袁世凱這樣的善於變臉的小人到處都有，當面一套，背後一套；過河拆橋，不擇手段。他們很懂得什麼時候搖尾巴，什麼時候擺架子；何時應該慈眉善目，何時要像兇神惡煞。他們在你春風得意時，即使不久前還是「狗眼看人低」，也會馬上就笑容堆面；而當你遭受挫折，風光盡失之後，則又會立刻對你避而遠之，滿臉不屑，甚至可能落井下石。所以，要想生活順利，事業成功，一定要提防那些善於變臉的小人。

詭道1：輕易不要招惹「職場富二代」

絕大部分職場富二代，他們來工作不是為了賺錢，只是沒事可做而已。

張玉是外地人，畢業之後就來到北京打工，每天兢兢業業地上班、加班，熬了十多年，好不容易當上了核心部門的主管，算得上是老闆一人之下，其他同事之上了。

可好景不長，老闆的兒子就進入了公司，這位大公子全身都是名牌，出入名車，美女環伺。雖然沒怎麼讀過書，也毫無工作經驗，一進公司就直接當了副總，成為了張玉的頂頭上司。張玉辛苦拚搏多年，才有這點微薄的權力，可老闆的兒子卻靠著富貴出身，瞬間爬到自己頭上，這讓張玉很不爽。

更過分的是，這位公子完全不考慮自己有沒有實際經驗，上來就大刀闊斧地做項目，半年時間就讓公司幾千萬的資金打了水漂，將張玉部門整整一年的利潤都給搭進去了。

張玉忍無可忍，決定和老闆攤牌。要嘛是老闆的兒子退出公司，要嘛就是他辭職。老闆想了想，語重心長地說：「對於他的所作所為我是知道的，不管結果如何，他畢竟是我兒子。你要是能體諒的話就留下，要是不理解我也沒辦法。」張玉不想忍受，只好選擇離開。

我們經常可以遇到這樣一類的「大人物」職場富二代。因為中國現在的富人太多，第一代草根出身的老闆，他們的下一代長大成人，這不是孤立現象，而是一個社會現象，是這個時代發展的必然趨勢，很多公司都存在這種情況。

職場富二代往往有同樣的特質，他們通常不服管束。無論是做上司還是當下屬，都對於管理這個事情不屑一顧，缺少規章制度的觀念。同時，他們又非常的自我，感覺整個世界都是圍繞著他們轉的，很少會顧及到別人的感受。不考慮大局或者小局，只考慮自己的需要。而且他們通常很激進，對賺錢幾乎沒什麼概念，不僅自己花錢大手大腳，就連做項目時，也不去考慮成本和收益，只朝著自己想當然的方向猛衝猛打。

對於辛苦打拚的我們，應該如何與職場富二代相處呢？是因為對方極不可靠，做不了事情，就應該凶惡相對呢？還是應該像張玉那樣，將富二代做為職場毒瘤，欲切之而後快呢？

如果你真的這麼做了，那結果一定會非常慘烈。因為職場富二代還有一個重要的特徵，就是「成事不足敗事有餘」。他們幫你做成什麼事情的能力是沒有，但要害你的能力卻綽綽有餘。所以職場富二代就算再不堪，你也不能得罪，否則後果很嚴重。

要知道，得罪人這樣的「大人物」是要付出成本的。得罪一個毫無根基的小人物，這個成本可能很低，但得罪了一個你看不上卻勢力雄厚的職場富二代，你的職場生涯可能就到頭了。

詭道2：理智控制情緒，讓他充分地表演

辦公室裡有一種人，他們的眼睛是專門用來盯著別人的，你一旦出現紕漏被他發現，他便唯恐天下人不知，以教導的口吻，像對你有無限關懷一樣大聲說出來，而且往往選擇老闆在場、同事集中的時候。其居心無非是要誇大你的錯誤，擴大錯誤的影響而已，藉此提高自己在辦公室的地位。

雖然這種人十分可惡，但是他們的做法無懈可擊。遇到這種情況，你千萬不能「惱羞成怒」，那樣就正中人家的下懷了。記住，是你出錯在先，不管怎樣都無法推卸責任，如果再針鋒相對地爭吵起來，那就更顯得自己缺少風度。

那麼，當遇到這樣的情況時，應該怎麼辦呢？首先，你應該表現得很沉著，讓他充分地表演，旁觀者不都是傻子，他的居心別人都能有所察覺。其次，你要坦承自己工作中的失誤，以謙虛勇敢的態度輕輕化解他遞過來的狠招，用「四兩撥千斤」的方法，讓他對你的攻擊消於無形。最後，你不妨誠懇地表示向他學習，自嘲一

下：「謝謝你的指正，我以後一定注意，希望不會再有下一次。」

當然了，記住這種人的本來面目，看清他的用心，凡事自己細心些，不給對方可乘之機，才是更穩妥的方法。

詭道3：面對派系鬥爭，明哲保身是智者

一個十幾個人的辦公室，總會有幾個「難對付的人」，這幾個「難對付的人」可能會各成體系，不同的派系之間，更有可能滋生出來的幾個糾纏不清的話題或事端。

如果你已經成為某派系中的一員，並感到自己的工作表現因此而受到影響，那麼與之保持距離將是十分重要的。工作之餘，限制自己的「幫派活動」，例如與其他同事共進午餐，為派系之外的人提供幫助。切忌在辦公室裡高談闊論你是如何與他們共度週末的，你本想令人羨慕，可往往會遭到嫉妒。

有時候，你本來無意加入某個幫派，但情況往往是，「人在江湖身不由己」，使你不得不捲入其中。但是，你一定要保持一份清醒的頭腦，公司內部之所以會有幫派存在，是因為彼此有著某種共同的利益。既然是利益的驅使，那麼你除了可能遭受被其他幫派攻擊外，也有可能被「自己人」出賣，成為別人的「炮灰」和替罪羊。

職場上的派系鬥爭是一種常態，誰都無法避免。如果你閉上眼睛漠視這種存在，那只能是掩耳盜鈴、自欺欺人。重要的是要學會適時地抽身，對周圍的人和事有更清醒的認識，從而減少盲目，爭取主動。要善用智慧，謀算降低風險。

詭道4：搞定職場小人要注意策略

小人無處不在，職場上也不例外。如果這類人物是你的下屬，那麼「修理」他當然不在話下。通常情況下，小人們拍馬屁的功夫都很到家，若非狗急跳牆，一般不至於去得罪上司。最難纏的小人，常常來自於與你沒有隸屬關係的同事之間，所以如何搞定他們，是你在職場上的必修功課。這門功課的難點在於，對於那些看得見摸得著的小人，你往往沒有對付他們的好辦法；而對於看不見摸不到的小人，你又會常常疏於防範，不加提防。

職場上還有一類小人，他們並非天生就是小人，只因你在某個時候或某個場合的無心之語和行為，傷害到他的情感或利益，以致怨恨暗生，進而伺機報復，讓你中箭落馬。在職場上，你一旦「侵犯」到他人的勢力範圍（不管是有意還是無意），就如同剝奪了人家的行事空間以及因行事方便而獲得的某種利益。對方為了報復你，並維護其既得利益，很可能對你施展小人手段。

為避免惹禍上身，我們不能沒有防人之心。除非你背景超強、後臺超硬，可以當下制伏對方，去之而後快。否則，對於那些像刺蝟般，隨時可能攻擊別人的小人，我們不妨先營造出喜歡與他交往、和他親近的假象，使他放鬆對你的警惕。等到時機成熟，再出手給他「致命一擊」。

不過，如果他們還不至於「罪大惡極」和「不可救藥」，我們完全可以因勢利導，採用適當的手段和方法，讓這些可能作怪的小人為己所用。使他們有正事可做，使其將心思和精力都放到我們所希望的地方，這樣一來，小人也就為我們所用了。如果能成功地做到這一點，就能化阻力為助力，這不僅是權謀的高明運作，也是防範和對付小人的另一種逆向思維。

詭道5：認清八種職場小人的本來面目

職場上，你也許一直都在很努力地將自己的本職工作做好，但還是會遇到不順利，這很可能是因為你在職場裡遭遇小人。以下是你不能不知道的8種職場的小人！

1.散布謠言的人

職場中有些人，喜歡聽信謠言、製造謠言和傳播謠言。這些人從來都不去考慮什麼才是事情的真相，只要有傳播的價值，他們便會毫無保留地充當大喇叭，明明是子虛烏有的事情，一旦到了他們口中，就會變得有鼻子有眼，如同真實的一樣。同事離職，他們會散布謠言說，離職者是因為被收買、人品不好、得罪了主管等等。他們很喜歡用造謠的方式向身邊的夥伴「下毒」，從而影響周圍其他的人。在職場中，這種小人，總是唯恐天下不亂！

2.分裂型的人

分裂型的人，他們有一個特別的能力，那就是他們可以言行不一，講一套做又另一套，喜歡誇大其辭，講的時候是天下無敵，做時便是有心無力。他們可以分裂地處理自己所表達的和自己的行為。大陸大貪官前廣西壯族自治區人民政府主席成克傑在臺上的時候經常說：「想起廣西還有八百萬人民沒有脫困，我睡不著覺啊。」可私下呢？除了撈錢還是撈錢！這種小人往往只會包裝自己，沒有能力也沒有業績。他們總是用誇誇其談的方式來吸引別人的注意，然後許下自己無力完成的承諾。真的到了兌現承諾的時候，他們隨便找個理由便銷聲匿跡了。

3.愛貪小便宜的人

愛貪小便宜的人，會因為貪婪小便宜而出賣團隊及一起工作的夥伴。這類小人常專注於短暫的利益而非長期的合作。在職場裡，他們可能就是那些你起初非常信任的人，他懂得利用你對他的信任，出賣你！對於這種人你一定要小心謹慎，別被他賣了，還在幫他數錢。

4.極其善變的的人

在職場中，如果你改變自己的行事方式和處世風格，這是可以理解並被接受的。但是有些善變的小人喜歡改變的不是自己，而是改變本來早已設定的遊戲規則。他們往往看到別人業績越做越大，錢越賺越多，就會開始打改變遊戲規則的主意。而且，他們不只是針對其他部門的同事去修改遊戲規則，就連同自己身邊的夥伴也不放過。他們無法忍受別人獲得的抽成多、獎金多，所以就想去改變規則。如果他們沒有這個權利，也會常常在老闆耳邊「吹冷風」，給別人「上藥」。

5.博人同情的人

有些人，喜歡裝出一副楚楚可憐的樣子，讓別人為自己投同情票。他們在人前扮可憐相，是希望人們可以同情他，然後答應他的要求，事實上有很多是無理的要求。很多時候，我們就是因為心軟，很容易就掉入這類小人預先設置的陷阱裡。面對「弱者」楚楚可憐的樣子，很多時候我們容易感情用事。所以，請你記住這樣一句名言：可憐的人必有可恨之處。

6.拖人下水的人

在任何一個團隊裡，我們都應該追求大家的雙贏。但是有很多時候，我們得到的結果不是雙贏而是單方面贏而另一方則輸。最可怕的是兩敗俱傷，不能只是自己一個人輸，同時也要其他人一起輸。拖人下水型的小人，每當他覺得自己吃虧，他就立刻把別人也拖下水，要虧，大家一起虧！要死，大家一起死！要輸，大家一起輸！這類小人極其可怕。

7.潑冷水的人

所有的消息到了這種人那裡就立刻變成壞消息，他們總喜歡給別人潑冷水，讓你不但不被激勵或認可，反而會讓你洩氣。這類小人很容易眼紅別人的成就，他們會想盡法子來抹殺你的成就，設法扯你的後腿。他們在職場上，專門搞破壞，打擊別人的士氣。自己不想好，也不願看到別人好。

8.搬弄是非的人

喜歡搬弄是非的小人，會在你當面講一套，在背後又跟別人說另一套。這類小人就如同兩頭蛇，他和你的關係，你始終搞不明白到底是好還是壞。跟你在一起的時候對你超好，但在別人的面前卻出賣你。他們喜歡套你的話，然後對別人說是你講的，他們甚至可以將你話斷章取義，令你有口難辯。對於這樣的小人，你千萬需要多加留意，免得日後給自己找麻煩。

詭道6：辦公室「紅燈族」，你絕對不能招惹

職場中有一部分人可能是給你做「小鞋」的專業戶，你要把注意力多放點在他們身上，儘量與他們和平相處，保持良好的溝通和合作。請記住，人事、財務、祕書、總務、老闆心腹、電腦管理員，是你絕對碰不得的「紅燈族」。

1.人事主管

進入公司要靠他們，求得生存也靠他們，加薪升職更要靠他們。他們無處不在，偶爾遲到、早退也許不算什麼，但是只要他們想做，隨時隨地都可以揪你的小辮子，他們是公司裡的監察人員。所以，跟他們搞好關係只有好處，沒有壞處。

2.財務人員

不要以為財務部門只是開開單據，做做報表。在以數字化生存的時代裡，財務部門的統計數據，決定著你的預算大小和業績優

劣，財務人員早已從傳統的配角走入了參與決策的權力核心，他們對各個部門業務的熟悉程度常常會讓你大吃一驚；而對金錢的斤斤計較也使得老闆對他們言聽計從。所以，你對他們最好笑臉相迎。

3.祕書小姐

祕書的職位不高，但絕對是公司的「實力派」。他們是老總的親信、參謀，甚至可能是情人，如果你膽敢得罪她們，她們就一定會讓你好看，讓你吃不了兜著走。只要她在老闆面前隨便說上幾句，你多年的辛苦努力就會毀於一旦。

4.總務人員

表面上來看，他們顯得無足輕重，但實際上你一步都離不開他們，小到一本記事簿，大到辦公設備。他們可能不會直接拒絕你的要求，但是他們可以告訴你，這個沒有了，那個還沒買回來，「這個東西不太好用，你要不要領。」如果你不想讓這些瑣事敗壞一天的情緒，甚至敗壞你的工作成績，請與他們搞好關係。

5.老闆心腹

他們可能是老總的舊日同窗好友，可能是童年夥伴、鄰居，甚至可能是老總的太太、情人，如果他們發起威來，你絕對吃不了兜著走。請記住：老闆心腹無處不在。你進入公司的第一件事就是把他們認出來，保持距離，永遠用恭敬的微笑面對他們，這是你的最佳選擇。

6.電腦管理員

在資訊時代裡，資訊就是公司的資本和生命，電腦管理人員不僅管理全公司的電腦系統，而且還掌握著公司最機密的資料，當然包括你的一切祕密。只要他們動一動手指，你的所有資料都可能不翼而飛，到那時再明白可就太晚了。所以，尊重他們，並且多向他們請教，才能在資訊時代裡立於不敗之地。

★詭之辯

凡是不講法、不講理、不講情、不講義、不講道德的人都帶有小人的性格。那麼，該如何妥善處理和小人的關係？

一般來說，小人比君子敏感，心裡也較為自卑，因此你不要在言語上刺激他們，也不要在利益上得罪他們，尤其不要為了所謂的正義或者真理而去揭發他們，那只會害了你自己。

別和小人們過於親近，保持淡淡的同事關係就可以了，但也不要太過疏遠，好像不把他們放在眼裡似的，否則他們會這樣想：「你有什麼了不起？」如果是這樣的話，你就要倒霉了。

小人常成群結黨，霸占利益，形成小集團，你千萬不要想靠他們來獲得利益，因為你一旦得到利益，他們必會要求相當的回報，就像狗皮膏藥一般，貼上你不放，想脫身都不可能！小人有時也會因無心之過而傷害了你，如果是小虧，就算了，因為你找他們不但討不到公道，反而會結下更大的仇。所以，如果不是太過分，那就原諒他們吧。

雖然上面所講的這些方法並不一定能讓你和小人們相安無事，但它們能把小人們對你的傷害降到最低。

小結

不管我們願不願意，公司裡總會有這樣或那樣的人，他們雖然讓我們不喜歡，但他們卻是客觀存在的特殊人物。如果我們無法改變事實，就要改變我們的心態。在公司裡，最重要的工作態度不是抱怨，而是敬業。不管你對這些「大人物」的看法如何，首先都要有一個良好的心態。這不僅是為了工作順利進行下去，更是讓自己活得不那麼鬱悶。「大人物」的存在可能會讓你不快，甚至會給你帶來意想不到的麻煩。但是，你改變不了他，只能去適應他。

如果你足夠明智的話，就別去招惹辦公室裡的那些「大人物」。當然，更不要去惹那些「小人物」，他們的「潛能」會讓你大吃一驚，甚至影響到你的業績和升遷。「成事不足，敗事有餘」是職場小人的標籤之一。你想讓他們幫點什麼忙可能很困難，但要是想讓他們添點什麼亂就很容易。如果你不具備駕馭小人，為己所用的本領，那還是選擇敬而遠之吧，別去招惹他們是你的最佳選擇。

所以，要想在職場中生存，要想生存得長久，我們不但要避開職場中的那些大人物，也要提防職場中那些潛伏著的「小人物」。

第4章　老闆是一把雙刃劍

如果在老闆的眼裡，你就是個落後分子，成事不足敗事有餘，那你還是趁早另謀高就吧；如果你是老闆的得力幹將，可委重任，他自然就會對你事事關照。

作為公司的一員，如果缺乏老闆的支持，或者說不被老闆賞識，將很難幹好自己的工作。但是，如果你與老闆過於親密，與之稱兄道弟，甚至不分彼此，不分是非，那麼到最後，受傷的也一定是你自己。

你只有與老闆關係保持和諧一致但又不過火的關係，才會被注入源源不斷的工作動力和工作熱情。有老闆賞識，有同事配合，有下屬支持，你才可能在職場中順風順水。

正道：要做老闆的得力幹將

案例故事

趙雪在一家合資公司裡工作，擔任公司董事長的祕書，她對待工作非常敬業。主管交代給她的任何事情，不論大小，她都會盡力將它們完成。如果主管有什麼文件需要準備，或者某個決策需要落實，趙雪都能夠將它們安排得井然有秩序，從未出過什麼差錯。

因為是合資企業，董事長由本地方和外方輪流擔任，但所有的董事長上任後，都沒有換掉趙雪的提議或想法，因為不管是哪一位董事長執掌公司，趙雪都會盡心盡力地幫助主管完成各種工作任務，至於一些日常事務性工作，更是不需要主管交代，完成得又快又好。主管有什麼計劃、方案，也都很快得到貫徹落實，根本不用主管去操心。雖然公司董事長前後換了好幾任，但趙雪一直在她的職位上做得很穩。

每一家企業的老闆，任何一名管理人員，都希望自己的手下有幾員得力幹將，只要這些人穩定，整個公司或者部門運轉起來就會順暢。

老闆的得力幹將，也往往是高績效的能手，他們能做到把決策傳達到位，落到實處，與決策做到有效統一。這是一個「幹將」是否具有執行力的證明，也是其對工作是否負責的表現。

時代在前進，社會在進步。成為工作中的得力幹將，是時代發展的要求，社會進步的需要。所以，作為員工，只有不斷學習，不斷進步，才能成為上司的得力幹將。

正道1：始終把老闆的利益放在心上

一個時刻想著老闆，把老闆的利益放在心上的員工，才會受到老闆的信任，才能成為一名稱職的員工。這樣的員工在自己的工作職位實現了自己的價值，學到了東西，才能為日後獲得更好的提升打下基礎。

牛仁是一個憨厚的小夥子，他雖然話語不多，憨態十足，但很討人喜歡。牛仁到就業市場應聘工作的時候，很多家公司都看中了他。最後，牛仁選擇了到一家酒店工作。

牛仁之所以選擇到酒店工作，是因為他對自己的將來早有打算。他很喜歡餐飲這個行業，以後自己也想開一個酒店。他認為做現在這個工作能接觸到酒店裡各個營運環節的訊息，並且可以與各個職位上的員工們打交道，這樣有利於自己掌握酒店營運方面的知識。同時，作為經理的直接下屬，他在為經理服務的同時，也能學到管理酒店的經驗，為自己將來當老闆打下基礎。

牛仁帶著這樣的理想，開始了他的新工作。牛仁有個習慣，每次做事情之前，他都會想，假如我是經理的話，會讓員工怎樣做事。這樣，牛仁常常在經理沒有張口的情況下，就知道了經理要做什麼，他不善言辭，但卻做得非常到位，很多時候經理還沒有吩咐，他就把事情做好了，這讓經理感到很吃驚。

一次，經理想瞭解一下市場上的各種菜價，這樣自己心裡對酒店買菜的開支就有個底，下面的人員是否扣買菜錢也能猜個八九不離十。他準備派人去早市看一下，剛吩咐牛仁去做，沒有想到牛仁卻站在自己面前笑了，他不明原因，就催牛仁快點去幹。這時候牛仁便把自己問好的各種菜的價錢一一都報告給了經理，這讓經理驚得目瞪口呆，他甚至覺得有些不可思議，於是就問牛仁說：「你說的這些都是今天早市菜的價錢嗎？」「當然是啦。」牛仁信心滿滿地回答道。「我並沒有要求你去詢問菜價啊！」經理看著牛仁依然不相信地說。「我知道，但我想著你可能哪天需要瞭解這些，所以我每天都抽空去看看，就把這些東西預先記下了。」經理點了點頭，他沒有想到眼前這個憨憨的大男孩竟然如此會辦事。

試想一下，像牛仁這樣主動積極的好員工有哪個老闆不喜歡呢？他不但勤奮好學，工作刻苦，而且急老闆之所急，想老闆之所想。除了每次讓老闆滿意之外，還時常給老闆意外的驚喜。這種人就像金子一樣，放在那裡都會閃光，無論是給別人打工，還是自己當老闆，他們都能成功。

正道2：能幫老闆解決問題比什麼都重要

現代社會充滿變化，企業內外環境瞬息萬變。作為一名優秀的員工，不僅要幹好自己的本職工作，還要儘可能地多協助主管工作。為此，你要對產品市場和行業現狀做大量的調查研究，然後進行分析判斷，只有這樣，你才能掌握第一手的資料，隨時準備應對上司的詢問。同時你還應該具備一定的市場預測能力，這要求你不僅要有大智慧，還要有好眼力，看問題不僅要有高度，還要有深度。

如果你也能像老闆那樣高瞻遠矚，並經常性地為他提供一些真知灼見，他自然會對你另眼看待。

張靜還在上大學的時候，就喜歡搜索訊息，瀏覽新聞。學習之餘，她總是把時間全花在看新聞、讀報紙、瞭解最新資訊、瀏覽各種訊息上。她還有一個好習慣，就是在看那些訊息的時候，不僅僅是只用眼睛看，還會用腦子思考，並且不是看過就忘記，而是把它們記在心裡。

張靜大學讀的是通訊專業，畢業之後，她本來想找一個與自己專業對口的職位，但陰差陽錯進入一家獵人頭公司，成了這家公司的總經理助理。

正式上班後，張靜作為老總的助手，凡是主管安排的各種事務性工作，她都做得一絲不苟、有條不紊。做完這些日常瑣碎的工作之後，她不等主管吩咐，看見主管需要什麼樣的訊息，就會主動地到網上去搜索，公司訂閱的雜誌與報紙，她也從不放過。有時候，主管還沒把要找的訊息搜索到，她就已經把相關資料整理好，擺在了主管的面前了。主管非常欣賞張靜這種主動積極的工作作風，而且她的工作很有成效。張靜每次提供的資料都很及時，也很適用，主管對張靜的工作非常滿意。

有一次，一家從事國際貿易的大客戶急需招聘一位部門經理，由於公司數據庫裡的人員都不符合要求，總經理急得團團轉，束手無策。關鍵時刻還是張靜及時搜到的一條資訊，幫總經理解了燃眉之急。這次獵人頭服務不僅給公司帶來了可觀的佣金收入，更重要的是，由於這次合作使這家大客戶十分滿意，從而使雙方建立了長期的合作關係。

經過這件事之後，總經理更加器重張靜了。工作不到一年，張靜就被提升為公司的副總，全面主持公司的日常工作。總經理認為張靜很適合做這個位子，並且認為她在此之前，實際上已經在做副總應該做的工作。張靜用自己的能力為公司創造財富的同時，自己也從中收穫了巨大的回報。

正道3：別做一個與老闆有矛盾的員工

在公司裡，老闆就是核心。有的人跟老闆的關係相處得很融洽，有的人則跟老闆之間存在著摩擦。前一種人往往比後一種人更容易獲得晉升的機會。

老闆是誰？老闆就是公司裡管著你的那個人。無論他多麼沒有水平，無論他多麼令人討厭，他都是你必須要面對的，也是你晉升道路上無可迴避的人物。如果你與老闆關係融洽，他就有可能提攜你。如果你與老闆有矛盾，即使你具備非凡的能力，當出現晉升機會時，他可能也不會優先考慮你。

所以在公司裡，你一定要與你的老闆搞好關係，否則，即使你做出了非凡的業績，也很難獲得晉升和加薪的機會。你要不想永遠做一個出力不討好的普通員工，那就只好辭職走人。

在職場中，有的員工因為經常與老闆出現意見分歧，而與老闆產生隔閡，甚至導致不可調和的矛盾。這樣的員工最後不是負氣走人，就是被公司解僱。

同樣一件事情，因為考慮問題的出發點不同，自然就會產生不同的看法。在公司裡，老闆與員工是站在不同位置的人，這就決定了你與他考慮問題的角度不一樣。老闆考慮問題，一般從公司或者部門的利益出發，也就是從宏觀著手。他考慮的不是保護某一個員工的利益，而是維護公司或者部門的整體利益。雖然他面對的是一件事情，僅僅是一個點，但他要考慮這件事情對全局的影響。員工考慮問題，往往首先考慮的是自己個人利益的得失，也就是關注局部的利益，而很少與公司或者部門大局聯繫起來。這並不是說員工不懂得個人利益與公司利益的關係，也不能說員工目光短淺，只是因為所處的位置不同，導致了思維方式的不同，從而產生了不同的意見。

在員工看來，老闆有些處理問題的方法和決定並不高明，甚至不能服眾。其實，你能考慮到的，老闆都已考慮過了，只不過你不知道。老闆所作出的每一項決策，都是經過深思熟慮、有充足的理由。如果你學著站在老闆的位置，來個換位思考，也許會瞭解到老闆的良苦用心。這樣，你就會消除對老闆的誤解，自然就不會同老闆產生矛盾，影響自己在職場的發展。

當你與老闆發生意見分歧時，最好的處理辦法就是變換思考角度，學著像老闆一樣思考。這樣，你才會正確理解老闆的意圖，毫無怨言地執行老闆安排的任務。並且，你還可以逐步培養出宏觀決策、統籌安排的能力。這對你來講是一筆不小的財富。往往正是具備了這些能力，你才比別人更容易獲得晉升的機會。

正道4：對老闆要服從，但不要盲從

沒有服從就不能形成統一的意志和力量，任何事情都難成就。作為公司員工，你必須服從老闆的工作安排。你應該清楚，老闆的地位比你高、權力比你大、能力也比你強，你的職場前途和命運掌握在老闆手中。

那麼，對於老闆的指令，我們是否要絕對的服從呢？當你發現老闆有錯時，該怎麼辦？是按照老闆的錯誤決策執行下去，還是委婉地向他指出其中的錯誤和紕漏呢？

這就需要你在接受老闆安排的任務時進行冷靜的思考，權衡利弊。如果你認為老闆的決策是對的，就要毫不猶豫地堅決執行；如果你發現是錯的，並且可能會使公司遭受重大損失，那就要想方設法讓老闆明白，他的決策方案存在著疏漏，不能不負責任地盲從。

你給老闆提建議的方式，最好就像「三明治」那樣，上下兩層「皮」，中間夾著「肉」，最上面和最下面都是無關緊要的客氣話，而中間部分才是重點——你的意見或建議。一般來說，在給老闆提意見或建議之前，可以先說幾句好聽的話，既表示自己的誠意和禮貌，又製造出一種輕鬆愉快的氛圍。有了一種融洽的氣氛之後，再回到正題，委婉而又堅定地提出自己的想法，可以把老闆所做的決策的不足之處以及自己的想法完整而清晰地表達出來，最後，又回到起點，再說些客氣話，比如「這只是我的一些初步的想法，肯定也有不成熟的地方」等等，表示自己的謙虛。作為下屬，你要表現出絕對沒有蔑視老闆權威的意思，這樣，即使老闆不接受你的意見，也會接受你的誠意，對你刮目相看。

服從是員工守則中規定的第一條鐵律，但是老闆更喜歡那些服從又不盲從，有自己的見解又能充分領會老闆意圖的員工。只有處理好服從與盲從之間的分寸，你才能獲得信任、支持、幫助和鼓勵，才會精神振奮，幹勁倍增，心無旁鶩地投入到工作當中。如果你與老闆的意見相左，提出來又害怕不被老闆接受，在心理上必然感到抑鬱、沉悶，這樣的情況經歷多了，必然會導致你人格、性格、心理的扭曲，結果不是屈服依附，唯唯諾諾，就是消極頹廢，喪失信心。因此，掌握服從的分寸，才是優秀員工的正確做法。

★正之解

現代社會的發展，對每個人的辦事能力都提出了更高的要求：要辦實事，辦大事，就必須不斷提高自己的辦事能力，成為上司的得力幹將。

「得力幹將」，現代漢語詞典的解釋是：能辦事，敢辦事的人。這種人不僅能完成主管交代的一切工作，而且能創造性地完成任務。他們不僅能打攻堅戰，也能打陣地戰。對於工作中出現的各種難題，他們從不給自己找藉口，有條件要上，沒有條件創造條件也要上。

「工欲善其事，必先利其器」。要辦成事辦好事，僅憑一腔熱情是不夠的，你首先必須具備辦實事辦大事的本領，並且精通各種辦事的藝術和方法。任何蠻幹都只會適得其反。為此，你必須不斷加強學習，隨時掌握各種最新的資訊訊息，並在工作實踐中不斷提高自己的專業技能和操作水平。只有這樣，你才有可能成為上司器重的「得力幹將」。

詭道：與上司親密是對的，但要分清是非

案例故事

李林是一家電腦公司的技術人員，跟老闆相處得就像哥們。一天下午，李林加班加得很晚，老闆請他吃晚飯。幾杯酒下肚，李林頭腦一熱，說他也想開一家電腦公司。

老闆一愣，但很快恢復了表情，並鼓勵李林說：「年輕人就應該有闖勁，我支持你。」

李林說：「我現在的技術還說得過去，但對銷售還是一知半解。」

老闆說：「一邊工作一邊學習嘛。憑你的能力，再幹上兩年就能獨當一面了。」

李林說：「你放心，兩年之內我是不會走的，我會留下來盡力幫你。」

一週後，公司又招聘了一名技術人員，而李林卻接到了解聘通知。李林一臉茫然，找老闆詢問。老闆一本正經地說：「在我的公司，你已經沒有什麼需要學習的了。你應該多幹幾家公司，多累積點經驗。我是從你的自身發展考慮，才讓人事部這麼做的。」

李林驀然醒悟自己為什麼被炒魷魚了，都是因為自己跟老闆喝酒交心，才讓老闆找到了如此「富有人情味」的託詞！

在職場上，同老闆的交往，要有一定的限度，就是再接近員工的老闆，也不同於普通同事之間的接觸。我們通常都認為，平時應充分利用同老闆接觸的機會，發展同老闆的關係，希望能與老闆走得近些，得到更多的關照。希望得到老闆關照的想法，從情理上來說是對的，因為你只有同老闆搞好關係，才能有利於自己工作的展開，才會在公司裡有比較好的發展前途。但是，無論你與老闆有多默契，在與老闆交往的時候，都要保持一份清醒的頭腦，分清是與非，謹慎處理你與老闆的關係，以免向上述案例裡的李林那樣，在與老闆喝酒時口無遮攔，最終導致搬起石頭砸自己的腳。

詭道1：你與老闆是僱傭與僱傭的關係

雖說在公司裡，員工和老闆之間應該緊密合作，共同推動公司的發展，實現雙贏。但是，在深入分析後就會發現，老闆與員工之間的地位關係，決定了二者很難成為真正的利益共同體。

老闆最關心的是公司的利益，也就是他自己的利益。員工也關心公司的利益，因為只有公司發展了，員工的利益才能得到保障。但員工最關心是自己能從公司的利益裡獲得多少，是否合理。老闆是以員工為公司創造效益的多少來衡量員工，而員工是以能從公司獲得多少來衡量老闆，所以，雙方很難實現真正的雙贏。

在公司裡，老闆是絕對的領導者，他有權做出決策，向員工發號施令。即使決策失誤，也是由他來承擔責任。可能有人會說，老闆對公司負責任，我也要對公司負責任。雖然都是對公司負責任，可是為此付出的代價卻相差十萬八千里。公司如果經營失敗，老闆會因此賠上全部身家，而作為員工，你最多不過另找一份工作。請記住，你與老闆之間是僱傭與僱傭的關係！

另外，你要知道，絕大多數情況下，老闆的決定都是正確的，否則如果公司總是賠錢，危機四伏，就不可能存活到現在。作為公司的員工，你必須服從老闆的工作安排，執行老闆交代的工作任務。如果你認為老闆錯了，在履行了提醒的義務後，依然無法改變老闆的決定的話，那麼，你仍然要無條件地執行，否則，你就要做好丟掉工作的準備。

詭道2：不要天真試圖跟老闆交心

有的老闆個性特別外向，平易近人，很容易吸引員工向他靠攏，能夠消除員工的戒備心理，使其將隱藏在內心深處的想法毫無保留地傾訴出來。但是，員工跟老闆交心，是職場中的大忌。一般來說，隱藏在內心中的想法，都屬於自己的祕密，是不能隨便向外人透露的。如果你什麼都跟老闆說了，就成了透明人，老闆完全掌握了你的情況，在以後對你的管理中就完全占據了主動。特別是如果你把自己的弱點暴露給老闆，很容易成為老闆手中任意宰割的「羔羊」。

員工若把老闆當作知心朋友，就容易忘記自己在公司中的角色，向老闆提一些不該提的建議，比如，「新的一年開始了，為了提高員工的積極性，是不是該給員工加薪了？」甚至這樣向老闆表述：「我認為，為了提高員工的積極性，應該給員工加薪。」雖然你的本意是為公司著想，但加薪是老闆決定的事。況且，你站在員工的立場上提一些讓老闆為難的建議，讓老闆覺得你代表員工跟他作對。長此以往，就容易成為老闆的眼中釘，成為公司裁員的首選對象。

周揚是某公司的中層管理人員，跟老闆是中學同學，所以一直把老闆當作知心朋友看待，經常向他提一些與自己本職工作無關的建議，為員工爭取利益。雖然老闆很少採納周揚的建議，但久而久之，周揚便贏得了「工會主席」的綽號。周揚很得意，卻引起了老闆的極度反感，一紙調令，將他調到分公司，安排了一個無足輕重的職位。

周揚不服，質問人事部。人事部答覆的理由是：不熱愛本職工作，缺乏敬業精神。周揚思索了一番才醒悟，不由得黯然神傷：自己把老闆當作知心朋友，沒想到老闆卻把他看作普通員工！他越想越心灰意懶，最後主動辭職走人。

在職場中，員工不要妄想成為老闆的知心朋友，也不要把老闆當作知心朋友，這條捷徑是行不通的。要想在職場中獲得成功，還是按照職位職責踏踏實實地做事，用過硬的業績來贏得上司的青睞。這種方法雖然笨拙，但是最保險。

詭道3：一定要瞭解老闆的個性

兵法有云：「知己知彼，百戰不殆。」對於職場人士來說，也是如此。在進公司以前，你應該儘可能多地瞭解公司的產品性能、經營理念和企業文化等。進入公司後，你每天都與老闆、同事在一起工作，為了保證你們的工作關係有成效，並使你們雙方都獲益多多，你首先應該瞭解自己的老闆。

你對老闆的個性特徵瞭解得越詳細越好。比如，老闆是個只願把握大局的人，還是個事必躬親的人；他是個只注重結果的人，還是同時也注重過程的人；他是個注重制度的人，還是個注重人情的人；他是個不苟言笑的人，還是個幽默活潑的人；他是個記憶力極強的人，還是個容易健忘的人；他喜歡普拉蒂尼還是喜歡馬拉多納；甚至連他喜歡紅茶、綠茶，還是咖啡，如果喜歡咖啡那麼加不加奶，加不加糖等等細節，也要搞得一清二楚……總之多多益善。

為了早日瞭解老闆的個性，你可以利用公司裡各種公開的和非公開的管道來獲得，包括從正面觀察和從側面打聽。這是為了保證你與老闆之間共事愉快以及提高工作效率，從而避免浪費不必要的時間、精力和資源。

張紅從一所大學旅遊專業畢業後，進入一家星級賓館工作，她的職務是總裁辦公室行政祕書。張紅進辦公室的第一天，就聽見老闆在嘀咕另外一個祕書往他的咖啡裡放了太多的糖。老闆聲音很輕，並沒有責備的意思，而且也沒有讓祕書重新沖一杯咖啡，將就著喝了。這位祕書向張紅吐了吐舌頭，做了個鬼臉，但沒有進一步的行動。

第二個星期，輪到張紅值日。她先用幾個小紙杯分別調製了幾種口味、純度的咖啡，讓老闆品嚐、挑選。就這麼一個小小的細節，居然令老闆大為感動，連他太太都沒有細心到如此地步。老闆患有肩炎，她就到商場買了一臺電動理療儀。老闆喜歡在午餐後小睡一會，於是她就堅守在外間擋駕，不讓沒有急事的下屬或者拜訪者打擾。老闆喜歡足球，喜歡羅納度，對貝克漢沒有好感，她就在辦公桌上放著小羅的塑像，在牆上貼著小羅在綠茵場上的英姿……張紅這樣做的結果就是，不出半年，她就升任到主管的職位，而這對於其他的新人來說，幾乎是不可能的。

要想在職場上平步青雲，一路凱歌，你就必須在第一時間充分瞭解老闆的個性和需求。只有先瞭解老闆有什麼樣的需求，才能有針對性地去滿足他的需求。

詭道4：即使老闆有錯，也不能一語道破

魏芳菲是一家公司的職員，她工作幹練且頗有建樹，但是最近老闆做出的一個決策，她覺得很有問題。終於在某一天，她為這事與老闆爭吵了起來。

「在爭論中，我們互不相讓，氣氛十分緊張，」魏芳菲後來回憶說，「然而這場唇槍舌劍之後，我就不得不離開了這家公司。」

老闆也是人，難免有的決策考慮的不周全。但是要記住，當你想要向上司說出某些話時，不管這樣的話是好還是壞，都儘量用委婉的方式去表達，要給上司留下足夠的餘地。

當老闆的決策出現明顯的錯誤時，你要採取合適的方法才能達到提醒的目的。讓老闆自己發現問題，動搖信心，例如你可以說：「您真敢冒險！」或者「哇！你真是勇敢。」語氣裡帶上點懷疑，比直說「您的計劃太冒險」要好得多。

當你覺得老闆的決策計劃有問題又不好直接指出時，你可以請上司把他的想法解釋一下，在解釋的過程中，他可能不等你指出來，自己就會察覺到有漏洞。另外，採用假設性暗示的效果也很好，你可以對他說：「如果這種產品銷路不好怎麼辦？」說得既不

過火，又能使上司重新考慮。

不要直接責怪老闆而要幫他找客觀原因。例如：「要不是形勢變化太快，您的計劃一定會大獲成功。」表面恭維，暗中支招。例如：「換成我還真想不出您的辦法來，我原來想這樣......」表面上說上司比你聰明，經驗豐富，實際上達到說出你的想法的目的，老闆聽了也許就會動心。你還可以謙虛地向老闆請教，有沒有別的辦法可以達成目標，也許他就會反問你有什麼想法，或者促使他產生一些新的構想，而看起來，這一切都是他想出來的。

詭道5：別動輒做出一副主管面前紅人的模樣

職場的大忌是過分張揚自己。也許你的確能力超群、成績出眾，但這時候就更應該注意自己是否照顧到了同事們的情緒。如果因為你的張揚，引起了大多數人的不滿，即使你的理由充分，老闆還是會站在多數人一邊的。

張紅是個精明能幹的女子，年紀輕輕便受到老闆的重用，每次開會，老闆都會問問張紅，對這個問題怎麼看？張紅的風頭如此之勁，公司裡資格比她老、職級比她高的員工多多少少有些看不下去。

張紅的觀念很前衛，雖然結婚幾年了，但打定主意不要孩子。這本來只是件私事，但卻有好事者到老闆那裡吹風，說她官慾太強，為了往上爬，連孩子都不生了。這個說法一時間傳遍了整個公司，張紅在一夜之間變成了「當官狂」。此後，張紅發覺，同事看她的眼神都怪怪的，和她說話也儘量「短平快」，一道無形的屏障隔在了她和同事之間。張紅很委屈，她並不是大家所想的那麼功利，為什麼大家看她都那麼不屑呢？後來，為了照顧大多數人的情緒，老闆在會上也不主動詢問張紅的意見了。

在職場中，鋒芒太露，又不注意平衡周圍人的心態，產生這樣的結果並不奇怪。張紅並非是目中無人，只是做人做事一味高調，不善於適時隱藏自己的鋒芒。

作為一名聰明的員工，不要沒事老往主管跟前湊，然後做出一副主管面前紅人的模樣給別人看。很多時候，很多事情，自己心中有數就可以了，沒必要拿出來炫耀。自己的本事，可以慢慢拿出來用，在別人最需要的時候拿出來，幫助別人，才會讓你成為最受歡迎的人。

學會低調做人，不矯揉造作、不故作呻吟、不捲進是非，即使認為自己滿腹才華，能力比別人強，也要學會守拙。這樣才能時時受到別人的歡迎和尊重，擁有一個好人緣。有好人緣的員工，老闆自然會愛護有加。

詭道6：除了工作，與老闆談論的越少越好

在現代企業裡，老闆和員工僅限於一種工作關係。老闆給員工提供工作機會，員工給企業創造效益，就是這麼簡單。在計劃經濟時代，員工進企業參加工作後，似乎把自己的一切都交給企業了。不但將工作上的問題上交給主管，連家庭瑣事也找主管傾訴，比如：夫妻不和，家裡遇到了什麼困難，請上司給親屬安排工作，等等。在現代企業裡，如果員工再把與工作無關的事情捅到老闆那裡，老闆不但不會管，而且還容易引起他的反感。

如果你把老闆當作知心朋友，滿腔熱情地找上司傾訴，不知你想沒想過老闆的感受，他是否也把你當作知心朋友？隨著你傾訴次數的增多，你在老闆的心裡就成了寡婦死了兒子。

也許你曾經是老闆的好友，肝膽相照、榮辱與共，可是現在已經不一樣了，他當上了老闆，而你還在打工。如果他還念及舊情，

還把你當作知心朋友看待，那你不妨跟他傾訴一些與工作無關的事情，並尋求他的幫助。但是，如果老闆擺出一副高高在上的樣子，顯然是在提醒你注意：現在你們的身分已經有所不同了。這時你就不能再把他當作知心朋友了，公事公辦，私事免談。

作為一名普通員工，你與老闆並沒有特殊關係，如果向老闆傾訴家長裡短，就更容易引起老闆的反感，礙於情面，他可能不會當時給你難看，但是他會提醒你說：「對不起，現在是上班時間，我很忙。」如果你認為老闆關心員工疾苦是天經地義的事情，賴著不走繼續傾訴，他馬上就會拉下臉來。「這裡是辦公室，我對你的私事沒有興趣。」甚至會將你轟出去。這樣，你給老闆留下的印象就不只是不好，而且是惡劣了。

向老闆傾訴自己的私事，不但讓他覺得你公私不分，而且有侵占公司利益的嫌疑。當然，如果再讓老闆覺得你這個人沒有自知之明，既笨又蠢，就別指望在公司裡有什麼發展空間了。趕上裁員的機會，老闆第一個人要炒的就是你，就算他顧及舊情不辭退你，也可能會被打入冷宮。

★詭之辯

作人要真誠，這是無可厚非的，但是由於你與老闆的地位不同，所以老闆永遠都不可能是你最真誠的朋友。丟掉幻想，少點天真吧，在某種程度上，老闆和你就像貓和老鼠的關係，你不要以為與老闆私交好，就可以為所欲為。在你犯錯的時候，他照樣會按規矩辦。

作為員工，要注意你和老闆上下有別，不要隨便和老闆稱兄道弟，更不要拍著老闆的肩膀說話。在公共場合尤其要注意，有不同意見時也不要在公共場合與上司爭辯，特別是當著公司裡眾多員工的時候，你可以選擇與老闆私下交換意見。

也許私下老闆會叫你放鬆點，不要緊張，不要太客套，這時候你就得更加注意了，往往錯誤就在此時發生。你平時注意到了老闆的權威，突然之間這種敬畏沒了，難免會得意忘形，沒了上下之分，忘了地位之別，這時候特別容易釀成大錯。

小結

在職場上，我們要想成為老闆的得力幹將，就必須加強學習，一名學習型員工。現代科學技術日新月異，稍有懈怠，就會落後於形勢，就會在工作中無所適從。我們要善於從別人的成功和失敗中吸取經驗教訓，並用於指導自己的工作實踐。同時，我們還應該敢於實踐，勇於創新。因循守舊、墨守成規的員工是注定要被淘汰的。

另外，我們還應該注意，即使自己成為了老闆的得力幹將，也不要得意忘形，忘了彼此的身分，一定要記得與老闆分清是非，切不可當著他人的面與老闆稱兄道弟，以顯示你與老闆的親密關係。要知道，職場裡從來都是「伴君與伴虎」。

第5章　請給BOSS結果

一個士兵不能圓滿地完成任務，就不可能得到嘉獎。一個員工無論對老闆多麼忠誠，但如果他不能為老闆創造價值，就別指望老闆會欣賞他重視他。無數的職場事實證明，既能和老闆風雨同舟，又具備很強的做事能力，總能給老闆帶來滿意的結果的員工，才是老闆最欣賞的員工。

對於老闆來說，他需要的是能給他結果的員工，至於過程他不會太關心。如果你是一名銷售人員，無論你每天多麼努力的走訪客戶、開拓市場，無論你流多少汗吃多少苦，但是拿不到訂單，沒有銷售業績，一樣得捲鋪蓋走人，別去說什麼「沒有功勞也有苦勞」，也別去抱怨薪水太低，你不能為公司創造價值，老闆付你底薪都是浪費。如果你是管理人員，如果你不能協助老闆做好管理工作，不能為他排憂解難，即使你每天按時上班、下班、從不請假，從不違反公司的規章制度，公司聘用你也是浪費錢財。

正道：不完美的結果比「我不會」強一百倍

案例故事

珍妮是紐約一家大型建築公司的預算員，常常要跑工地、看現場，還要為不同的工程修改預算方案，工作特別辛苦，報酬也很低，但她一直都在努力地工作，從不抱怨。

雖然她是預算部唯一的一名女性，但她從不因此喊冤叫屈，逃避力氣活。該爬樓梯時就爬，該到工地上去查看也毫不遲疑。她從不感到委屈，反而非常熱愛自己的工作。

一天，老闆安排預算員們做一個重要工程的預算，時間只有兩天，任務很緊急。接到命令後，其他預算員們叫苦，有的乾脆直接去找老闆說，這麼短的時間，不可能做得出來，自己無法完成。而珍妮接到命令之後立即開始著手工作。兩天時間裡，她跑建材市場，詳細對比各種原材料的價格，又四處查詢資料，虛心向前輩或有經驗的同事請教。

兩天后，珍妮準時把自己負責的預算方案交給了老闆，得到了老闆的表揚。老闆認為，不管珍妮的預算是否完美，至少證明她去做了，在這一點上，她就比那些連試都不敢去試的預算員們要強很多。

不論哪一位老闆，都願意重用那些主動尋找任務、積極完成任務、自動自發創造業績的員工。這就要求你隨時準備把握機會，展現超乎尋常的工作表現以及擁有「為了完成任務，必要時不惜打破成規」的勇氣和魄力。那些工作時主動性差的員工，往往墨守成規、避免犯錯，凡事不求有功，但求無過，只要不違反公司規章制度，老闆沒交代、沒讓做的事，便事不關己，高高掛起。而工作主動性強的員工，恰恰相反，他們勇於承擔責任，有獨立解決問題的能力，同時敢於創新，能夠圓滿地完成任務。在老闆的眼裡，一個不完美的方案也要比「我不會」強一百倍。

正道1：請給老闆一個滿意的結果

老闆都希望自己的員工能創造出色的業績，而絕不願意看到員工工作賣力卻毫無成效。即使你竭盡全力，卻做不出一點業績，那也是沒有用的。任何一位明智的老闆都希望自己的員工精明能幹，如果自己的員工都屬於平庸之輩，那麼這位老闆自然會倍感苦惱，如果員工沒有能力幫助老闆，對老闆而言又有什麼價值呢？

兩個年輕人同時到某企業面試。兩人的表現都比較出色，難分上下，但是公司只能聘用一個人。老闆最後說：「這樣吧，我給你們倆一個任務，你們試著把我們公司生產的皮鞋推銷到非洲某個小島上去，然後回來告訴我你們的答案。」

兩個年輕人同時去了非洲的那個小島，一個月之後，他們都回來了。第一個年輕人對老闆沮喪地說：「在那個小島上，我無法把皮鞋賣出去。不是我不去推銷，問題的關鍵在於，那個島嶼上的人根本就不穿鞋，我也無能為力。他們那裡根本就沒有什麼市場，到那裡去推銷皮鞋，簡直是做白日夢。如果您事先告訴我那個地方的人根本不穿鞋的話，我肯定不會去。我認為聰明的人應該到一個適合他工作的地方去。這就是我的答案。」

第二個年輕人卻非常興奮地對老闆說：「那個地方的市場潛力太大了，簡直超乎我的想像。那裡的人根本就不知道穿鞋的好處，我請他們試穿了一下，如果好就付錢，如果感覺不好可以退回。意想不到的是，他們穿上之後就不想再脫下來了。我帶去的皮鞋被搶購一空，我還帶回來很大的一筆訂單。」這位年輕人用自己的實際行動給了老闆一個答案。

這兩位年輕人在這家公司的命運不言而喻。老闆說：「一個真正的人才，絕不是自吹自擂，而是確實能夠表現出自己的價值的。第二個年輕人用行動告訴我，他是一個值得託付大事的人，因為他能夠正視現實，努力展開工作，並成功地達成目標。這就是他的能力。」

在公司裡，如果老闆只注重結果，你可能會覺得他過於苛刻，甚至不夠溫情，但我們只要簡單地做一個假設就能明白：如果我們是把自己的任務外包給別的公司或者是別的人來做的話，又會是怎樣的一種情況呢？我們的要求非常簡單——請給我結果。而這之間，你是用什麼方法去達成的，你費了多少心血，這些我們沒興趣知道，我們要的只是結果。

所以，我們應該明白這樣的道理：在工作中一味強調過程的人，不管居於多高的職位，也只能在工作中充當配角，而那些重視落實、強調結果的人，總是站在老闆的角度考慮問題。在工作中，他們通常富於戰略眼光，善於利用各種資源去實現目標，達成自己想要的結果。以推銷產品為例，我們不僅要考慮到產品的功能、品質、價格等因素，還要進一步從消費者的立場出發，充分考慮到消費者的購買能力、消費習慣、使用評價以及售後服務等各方面的問題。因為不管生產何種產品，提供什麼服務，都是為了滿足消費者的需求。

在現代企業中，老闆可能會欣賞某個員工的性格、能力、水平，但最終還是要以結果來作為評價員工優劣的標準。一個優秀的員工不在於他表面上看起來多麼精明能幹，也不在於他說了多少豪言壯語，關鍵在於他工作落實的結果，能否讓老闆拍手稱快。

正道2：強化自己的「結果導向」

英特爾公司有一條深入人心的價值觀，那就是倡導「結果導向」。他們不會花10年的時間去研究一個全世界最完美的方案，而是始終爭取做得比別人快、比別人好。我們做事情是要遵循一定的程序，但如果把程序作為主要目標，一天到晚只談怎麼做，卻不付諸行動，最終必然是一事無成。

西方大多數企業裡都採用了一種MBO的員工評價方式，其核心就在於重視結果而不是過程，重視「功勞」而不是「苦勞」。

英國傑出的科學家巴貝吉是電子計算機領域的開拓者之一，他研製成功了一種能計算多項式的機器——差分機，提出了計算機自動運算的思想，為後人留下了彌足珍貴的計算機設計圖紙和手稿。

巴貝吉的天分非常高。他剛進大學，他在數學上的造詣就超過了數學教授。他對數學有一種天生的敏感，對數字和公式感到非常親切。他從一個夢中得到啟發，製造出了一臺計算多項式的差分機。他從自動提花機中產生靈感，提出用穿孔卡片的方法給計算機下達指令。這種讓機器自動運算的卓越思想，是現代計算機的靈魂。

但是，他不知疲倦地研究了幾十年，終其一生，卻僅僅造出了一臺小型差分機。他曾全力從事大型差分機的研究工作，耗費了銀行家父親留給他的大筆遺產，也耗費了英國政府給他的大筆資助，最終卻毫無成果。另外，他還花費了大量時間從事解析機的研製工作，但最後也沒能實現自己的理想。

除了留下畫有幾百萬個零件的圖紙和一大堆科學史有可能感興趣的筆記外，巴貝吉始終沒有造出一架真正的計算機。就研製「自動計算的機器」這個目標而言，巴貝吉是一個徹頭徹尾的失敗者。

然而，令人感到不解的是，瑞典人仲茨在巴貝吉的基礎上，僅僅用兩年的時間就造出了一臺大型差分機。這臺機器在巴黎博覽會上獲得了金獎。這個事實充分說明，巴貝吉完全有可能設計並製造出具有強大計算能力的機器來。

巴貝吉失敗的根源在於他是個理想主義者，對大型差分機的設計，完善了還再完善，修改了還要再修改，改進了還要再改進，一定要追求盡善盡美，毫無瑕疵。一個計劃還沒有完成，新的思想又開始在大腦中醞釀，思想如一匹永不停蹄的駿馬，不斷地向前衝鋒，這就注定巴貝吉在持續不斷的自我否定中耗費了大量的寶貴資源。他設計的機器遠遠地超過了當時的技術能力，他的目標也大大地超出了自己的精力和財力。所以，他的設計雖然相當出色，但是機器卻始終沒有造出來。

巴貝吉作為一個具有極高天賦的科學家，過分糾纏於過程而忽略了結果，這使他本來在電子計算機領域可以取得的重大成果最終「胎死腹中」。我們一定要吸取這個教訓，努力去做一名落實型的員工，強化自己的「結果導向」，讓公司和老闆，看到切實的結果，才能最終實現自己的價值。

正道3：對結果負責，保證落實的績效

對結果負責既是老闆的要求，也是取得好業績最直接的保證。檢驗或評價一位員工的工作績效，平時的考察以及對其落實過程的關注固然重要，但是最重要的指標仍然是落實的結果。落實，就是要對結果真正負起責任來。有令人滿意的結果的落實才是有意義的落實。

富斯特是一個公眾演說家，在多年的演講生涯中，他認為自己成功最重要的一個原因，就是讓顧客及時見到他本人和他的材料。他曾先後兩次到多倫多去發表演說。

第一次去多倫多的時候，富斯特在芝加哥機場往公司辦公室打電話以確認是否一切都已安排妥當。當時負責遞送材料的助手是琳達，當富斯特問她演講的材料是否已經送到多倫多時，琳達回答說：「別著急，我在6天前已經把東西送出去了。」

「那他們收到了嗎？」富斯特問道。

「我是讓聯邦快遞送的，他們保證兩天後到達。」

從這段話中不難看出，琳達覺得自己對待工作是負責任的。

她獲得了正確的訊息（地址、日期、聯繫人、材料的數量和類

型），可能還選擇了適當的貨櫃，親自包裝了盒子裡的保護材料，並及早提交給聯邦快遞，為意外情況留下了充分的補救時間。

然而，令人遺憾的是，她沒有負責到底，沒有負責到有確定的結果真正落實下去。富斯特到達多倫多後，材料並沒有送到，這是由於聯邦快遞一位員工的疏忽造成的。儘管富斯特採取了補救措施，但是這次演講效果很不理想。

時隔5年之後，富斯特第二次到多倫多去發表演講。由於上一次的經歷，富斯特的心裡有些忐忑不安，擔心這次還會出現意外。他在芝加哥機場的時候，接通了助手艾米的電話，問道：「我的材料送到了嗎？」

「到了，艾麗西亞3天前就拿到了。」艾米回答，「但我給她打電話時，她告訴我聽眾有可能會比原來預計的多400人。不過不要著急，她把多出來的材料也準備好了。實際上，她對具體會多出多少也沒有精確的預計，因為允許有些人臨時到場再登記入場，這樣我怕400份不夠。為了保險起見，我讓她多準備了600份。另外，她問我是否需要在演講開始前讓聽眾手上有資料，我告訴她通常是這樣的。不過，如果你不同意提前給聽眾發材料，或者你有什麼其他的要求，我現在就可以找到她。」

艾米的一番話，讓富斯特徹底放下心來。艾米對結果負責，她知道對落實而言結果是最關鍵的，在結果沒出來之前，她是不會休息的——這是她的職責所在！

艾米是典型的落實型員工，而琳達不是。

成功的管理者一定是負責任的管理者。他們關注結果，並想盡一切辦法去實現自己想要的結果，他們敢於對結果負責。他們只在意是否做了正確的事情，而不願意對花了精力和資源卻沒能帶來積極結果的事情津津樂道。如果我們習慣於把責任推給別人而不是從自己身上找原因，失敗和低水平的表現就會變成理所當然的事實。只有對結果負責，才能真正保證落實的績效，才是真正的落實型的員工。對結果負責，不給自己任何逃避的藉口，堅持下去，你一定是業績最優秀的那一個。

正道4：沒有結果的行為是毫無意義的

老闆讓你給客戶打個電話，你打了，可是對方沒有人接。你說自己完成任務了，可是這樣做會有任何結果嗎？

我們來看看希爾頓飯店的服務生是如何做的：

一次，一位出差的經理前來投宿，服務生檢查了一下電腦，發現所有的房間都已經訂出，於是禮貌地說：「很抱歉，先生，我們的房間已經全部訂出，但是我們附近還有幾家等級不錯的飯店，要不要我幫您聯繫看看。」

然後，就有服務生過來引領該經理到一邊的雅座去喝杯咖啡，一會兒外出的服務生過來說：「我們後面的大酒店裡還有幾個空房，等級跟我們是一樣的，價格上還便宜30美元，服務也不錯，您要不要現在去看看？」

那位經理高興地說：「當然可以，謝謝！」之後，服務生又幫忙把經理的行李搬到後面的酒店裡。

這就是希爾頓飯店的服務，這些服務生的行為早就超出了自己的職責範圍，但是，結果是讓顧客感到了滿意和驚喜。他們使客戶感到受到了前所未有的尊重和理解，所以客戶下次依然願意選擇它。

重要的不是你是否完成了任務，而是你的行為產生的結果。如果說酒店已經客滿，服務生很有禮貌地說：「對不起，先生，我們這裡已經沒有空房間了。」那麼這位服務生當然也完成了酒店交給他的任務，但是他的行為不會產生任何有益的結果——不會對酒店的信譽有所幫助，也不會讓客人獲得便利或者滿足。這種行為看似合理，但不產生任何價值。

如果你不想一直做一名普通的員工，那麼你就要努力思考怎樣才可以給企業帶來更大的收益，而不僅僅是完成自己的任務。

一天，傑克接到了一個新任務，老闆說這個項目由於問題很多無法進行下去了，希望傑克接手以後有一個新的突破。傑克接手以後，認真分析了項目小組失敗的原因，找到了曾交涉過這個項目的人員進行交流，找到一些問題的主要來源。此外，他還派人和客戶好好溝通了一下，希望在時間上能得到客戶的讓步。準備工作做得差不多了，他心裡對於這次項目的成功與否有了幾分瞭解。

工作很快地分配到他的手下，他們每個人各自負責一個設計和編程，傑克要求他們必須拿出結果，不能因為任何藉口而耽誤項目的進度。為了保證項目的順利進行，傑克還經常去找上一個項目組裡的幾位經驗豐富的高手，向他們虛心請教。正是由於他的勤奮努力和正確領導，大家都不看好的這個項目，竟然起死回生，順利過了客戶的驗收。老闆對傑克的項目報告十分滿意，當他上交報告的時候，老闆已經準備好了發給他的紅包。

行為的最終價值是實現結果，沒有結果的行為是毫無意義的。在處處講求實際，講求成果的今天，無論你的過程如何精彩，如果沒有結果，那一切都是徒勞。

對企業來說，生存靠的正是結果。那些一直立於不敗之地的知名企業，正是他們的工作結果滿足了客戶需求，而且不斷滿足客戶的新需求，這樣的良性循環才使企業越來越強大。

請記住，你不僅要圓滿完成任務，而且一定要成功創造結果。

★正之解

無論做什麼事情，結果都是最重要的。

在職場上，雖然很多人說「贏在戰略，重在執行」，可是如果你只有執行，而沒有結果，那麼無論你執行得多麼完美，多麼精益求精，就像上文所說的英國科學家巴貝吉那樣終其一生，都在追求過程的完美，可到頭來可能仍然是收穫甚微。

如果你不能給老闆結果，那麼在老闆的心裡永遠不會有你的一席之地。哪怕是一個不完美的結果，也比「光說不練」強很多。注重結果，追求結果，給老闆一個滿意的結果，你才能為老闆也為自己交出一份完美的答卷。

詭道：三個失敗的方案就捲鋪蓋吧

案例故事

一位廣告公司老總說，他曾經正式招聘過一位員工，但沒想到，還不到半個月時間，他就不得不把她辭退了。

那位員工是一位剛畢業的女大學生，學識不錯，形象也很好，但有一個明顯的毛病：做事不認真，過於浮躁。

剛開始上班時，大家對她印象還不錯。但沒過幾天，她就開始遲到，辦公室主管說了她幾次，可她總能找到這樣或那樣的藉口來解釋。

一天，老闆安排她做一個有關環保方面的文案策劃。很快，她的文案策劃就交了上來，但是錯誤百出，老闆讓她拿回去修改。過了不長時間，這個女孩又高高興興地把改過的文案策劃送了過來。老闆一看，她只是把自己剛才指出來的幾個錯誤改了，沒指出來的錯誤依然照舊。老闆有些生氣，讓她重新再修改，這個女孩還是不以為然，滿臉的不在乎。過了一會，女孩又把文案送了過來，老闆問她：「你確定這次改好了嗎？」女孩肯定地點點頭。老闆看完後，非常失望，這次的方案仍然存在錯誤。

老闆很生氣：「你這做的是什麼啊？你不覺得我們是在浪費時間嗎？」

她急著辯解：「我也努力去做了啊！」

就在這一刻，老闆下了辭退她的決心：既然這已經是你盡力之後達到的水平，想必你也不會有更高的水平了。那麼只好請你離開公司了。

這位員工的所作所為，無論是哪個老闆都無法忍受。也許有人說，女孩太年輕，應該多給她點時間，再給她一次機會。可是，即使不懂，但你總該學習，向有經驗的老同事請教吧。更何況，公司不同於學校，你在學校是交學費學知識，你在公司是拿薪資做事情的。老闆僱你，是讓你幫他做事情的，哪個老闆會花錢養一個做不了事情的閒人呢？

詭道1：一開始就明確目標，知道自己需要什麼

湯姆．布蘭德，在32歲時升為福特公司的總領班，成為福特公司最年輕的總領班，要知道在福特公司這個人才濟濟的「汽車王國」裡，這是一件非常不簡單的事情，他是怎麼做到的？

在湯姆．布蘭德20歲進入工廠的時候，就想在這個地方成就一番事業，他並沒有像很多年輕人那樣迫不及待地尋找一切可以晉升的機會，相反，他首先清楚了一部汽車由零件到裝配出廠需要13個部門的合作，而每個部門的工作性質不盡相同。他決心要對

汽車的全部製造過程形成一個全面的認識，所以，他要求從最基層的雜工做起。雜工的工作就是哪裡有需要就到哪裡工作，經過一年的認真工作與思考，他對汽車的生產流程已經有了初步的認識。

之後，湯姆申請調到汽車椅墊部工作，在那裡他用了比別人更少的時間就掌握了做汽車椅墊的技能。後來又申請調到點焊部、車身部、噴漆部、車床部去工作。不到五年的時間，他幾乎把這個工廠的各部門工作都做過了。

湯姆的父親對兒子的舉動十分不解，他問湯姆：「你工作已經五年了，總是做些銲接、刷漆、製造零件的小事，恐怕會耽誤前途吧？」「爸爸，你不明白。」湯姆笑著說，「我並不急於當某一部門的小工頭。我以整個工廠為工作的目標，所以必須花點時間瞭解整個工作流程。我是把現有的時間做最有價值的利用，我要學的，不僅僅是一個汽車椅墊如何做，而是整輛汽車是如何製造的。」

當湯姆確認自己已經具備管理者的素質時，他決定在裝配線上嶄露頭角。湯姆在其他部門幹過，懂得各種零件的製造情形，也能分辨零件的優劣，這為他的裝配工作增加了不少便利，沒有多久，他就成了裝配線上的靈魂人物。很快，他就升為領班，並逐步成為15位領班的總領班。

湯姆一開始就很明確自己的目標，知道自己需要什麼，但是，他沒有一蹴而就，而是按照自己的計劃，從底層做起，把自己的根基打牢，一步一步地實現自己的最終目標。

如果缺乏事前思考的習慣，每次一有了任務就急於去完成，就會每次都付出很多，收穫很少。缺乏思考就容易走一些彎路，很多時候不得不重新進行，害得自己總是匆匆忙忙的。如果你善於思考，總是把工作分成幾部分，經過慎重考慮後再著手進行，那樣工作就會輕鬆很多，而且效率很高。

無論是做一件具體的工作，還是自己人生中的每一步，你都要想好了再去做。沒有目標，就沒有行動的方向，你只能像個無頭的蒼蠅一樣到處亂飛；只有確立了明確的目標，你才會有前進的方向，你的努力才會收到事半功倍的效果。

詭道2：你究竟是在修管道還是在運水

從前有個小村莊，村裡除了雨水沒有任何水源，為解決這個問題，村裡的人決定把運水這項工作對外承包，以便每天都能有人把水送到村子裡。

有兩個年輕人願意接受這份工作，於是村裡的長者把兩份運水專營合約交給了這兩個年輕人。吉姆是簽訂這份合約的兩個人之一，他立刻行動了起來。每天奔波於一公里外的湖泊和村莊之間，用他的兩個桶從湖中打水並運回村莊，並把打來的水倒在由村民們修建的一個結實的大蓄水池中。

每天早晨他都必須起得比其他村民早，以便當村民需要用水時，蓄水池中已有足夠的水供他們使用。由於起早摸黑工作，吉姆很快就賺了不少錢。儘管這是一項相當艱苦的工作，但是吉姆很高興，因為他能不斷地賺錢，並且他對能夠擁有兩份專營合約中的一份而感到滿意。

另外一個獲得合約的人叫湯姆。令人奇怪的是自從簽訂合約後湯姆就消失了，幾個月來，人們一直沒有看見過湯姆。這令吉姆興奮不已，由於沒人與他競爭，他賺到了所有的水錢。湯姆幹什麼去了？他做了一份詳細的商業計劃書，並憑藉這份計劃書找到了4位投資者，他們和湯姆一起開了一家公司。

6個月後，湯姆帶著施工隊和投資回到了村莊。花了整整一年的時間，湯姆的施工隊修建了一條從村莊通往湖泊的大容量的輸水管道。這個村莊需要水，其他有類似環境的村莊一定也需要水。於是他重新制訂了他的商業計劃，開始向全縣甚至全省的村莊推銷他的快速、大容量、低成本並且衛生的供水系統。無論他是否工作，幾萬的人都要消費這幾十萬桶的水，而所有的這些錢便都流入了湯姆的銀行帳戶中。

顯然，湯姆不但開發了使水流向村莊的管道，而且還開發了一個使錢流向自己的錢包的管道。從此以後，湯姆幸福地生活著，而吉姆在他的餘生裡仍拚命地工作。

我們應時常問自己「我究竟是在修管道還是在運水？」工作不只是拚命，它也需要一些智慧。

在這個結果說明一切的時代，同樣的結果，沒有人會管你是不是比別人付出了更多努力。聰明工作比努力工作更重要，因為智慧是無價的，每一個老闆都願意要一個腦袋靈活的員工。

詭道3：你越能幹，老闆給你的就越多

有位企業家曾說：「所有企業的管理者，只認一樣東西，就是業績。老闆給你高薪，憑什麼呢？最根本的就要看你所做的事情，就是多大的業績。」工作能力越強，工作業績越大，老闆付給你的報酬就越高。如果你沒有業績，那你一毛錢都拿不到。這也就是管理學上所說的「馬太效應」。

「馬太效應」的故事源於基督教。《聖經》中有這樣一句話：「凡是有的，還要給他，使他富足；但凡沒有的，連他所有的，也要奪去。」也就是說，你越富有，上帝越眷顧你，你越貧窮，就連你原來擁有的東西，也要被剝奪。生活中這種現象非常多，美國的社會學家羅伯特．莫頓便將這個現象歸納為「馬太效應」。

「馬太效應」在宏觀經濟領域應儘量避免，防止社會貧富差距過大；但則微觀經濟領域卻應該提倡，它主張的是「能者多勞、能者多得」的分配原則，這對於提高企業的經濟效益十分有利。

從前，有一個貴族，要出門遠行。出發前，他把三個僕人召集起來，按照各人的才幹，分別給了他們數量不等的銀子，讓他們去做生意。

後來，這個貴族回來了，他把僕人叫到身邊，詢問他們經商的情況。

第一個僕人說：「主人，您交給我5000兩銀子，我已用它賺了5000兩。」

主人聽了很高興，讚賞地說：「善良的僕人，你既然在賺錢的事上對我很忠誠，又這樣有才能，我要把更多的事委派給你管理。」

第二個僕人接著說：「主人，您交給我的2000兩銀子，我已用它賺了1000兩。」

主人也很高興，讚賞這個僕人說：「嗯，我還可以把一些其他的事情交給你管理。」

第三個僕人來到主人面前，打開包得整整齊齊的手絹說：「尊敬的主人，看哪，您的1000兩銀子還在這裡。我把它們埋在地裡，聽說你回來，我就把它掘出來了。」

主人的臉色沉了下來：「你這個懶惰的僕人，你浪費了我的錢！」

於是把他手裡的1000兩銀子奪了回來，給了那個已經有10000兩銀子的僕人。

這個故事再明確不過地說明了使財富增值是每個員工的職責。

如果老闆出於信任，撥一筆資金讓你經營一個項目，你首先不能讓公司虧本，而且還要製造出高於本金幾倍，甚至幾十倍的財富來，如此你才算盡到了自己的職責。相反，如果你沒有使投資增值，虧本或者僅僅保持了原樣，就同最後那個僕人一樣，是一個懶惰的、沒有盡職的人。

不管你在公司的地位如何，也不管你的學歷和資歷如何，若想在公司裡立足並獲得發展，實現自己的人生理想和職業目標，都需要有業績來幫你說話。只要能創造業績，不管在什麼公司，你都能得到老闆的器重，得到晉升的機會。因為員工創造的業績是公司獲得持續發展的決定性條件。

如果你想在競爭激烈的職場中有所發展，成為老闆器重的人物，就必須牢記，為公司賺錢才是硬道理，只有為公司賺錢的職員才能贏得老闆的青睞！

詭道4：市場沒有錯，只能是你的錯

休斯．查姆斯在擔任「國家收銀機公司」銷售經理期間，該公司的財政發生了困難。這件事被負責營銷的經理知道後，影響了營銷人員的士氣，營銷人員因此失去了工作熱情。銷售量開始下跌，到後來，情況越來越嚴重。查姆斯不得不召集全體銷售人員開一次大會，全美各地的營銷人員均被要求參加這次會議。

會議開始後，他首先請手下最佳的幾位銷售員站起來，要他們說明銷售量為何會下跌。這些銷售員在被喚到名字後，一一站起來，每個人都有一段最令人失望的悲慘故事向大家傾訴：商業不景氣，獎金缺乏，人們都希望等到總統大選揭曉之後再買東西等等。當第五個銷售員開始列舉使他無法達到平常銷售配額的種種困難情況時，查姆斯先生突然跳到了一張桌子上，高舉雙手，要求大家肅靜。然後他說道：「停止，我命令大會暫停10分鐘，讓我把我的皮鞋擦亮。」

隨即，他讓坐在附近的一名小工友把他的擦鞋工具箱拿來，並要這名工友替他把鞋擦亮，而他就站在桌子上不動。在場的銷售人員都驚呆了，以為查姆斯先生突然發瘋了。他們開始竊竊私語。與此同時，那位小工友先擦亮他的一隻鞋子，隨後又繼續擦另一隻鞋子。他不慌不忙，動作簡潔俐落，表現出一流的工作技巧。

皮鞋擦完之後，查姆斯先生給了那位小工友錢，然後開始發表他的演說。

「我希望你們每個人，」他說，「好好看看這個小工友。他擁有在我們的廠區及辦公室內擦皮鞋的特權。他的前任是位男孩，年紀比他大得多，儘管公司每週補貼他5元的薪水，而且工廠裡有數千名員工，但他仍然無法從這個公司賺取足以維持他生活的費用。」

「這位小工友不僅可以賺到不錯的收入，既不需要公司補貼薪水，每週還可以存下一點錢來，而他和他前任的工作環境完全相同，在同一家工廠內，工作的對象也完全相同。」

「我現在問你們一個問題：那個男孩拉不到更多的生意，是誰的錯？是他的錯，還是他的顧客的錯？」

那些推銷員不約而同地大聲回答說：

「當然了，是那個男孩的錯。」

「正是如此。」查姆斯回答說：「現在我要告訴你們，你們現在推銷收銀機和此前的情況完全相同：同樣的地區、同樣的對象，以及同樣的商業條件。但是，你們的銷售成績卻比不上一年前。這是誰的錯？是你們的錯，還是顧客的錯？」

同樣傳來了響亮的回答：「當然，是我們的錯。」

「我很高興，你們能坦率承認你們的錯。」查姆斯繼續說，「我現在要告訴你們，你們的錯誤在於，你們聽到了有關本公司財務發生困難的謠言，這影響了你們的工作熱忱，因此，你們就不像以前那般努力了。只要你們回到自己的銷售地區，並保證在以後30天內，每人賣出5臺收銀機，那麼，本公司就不會再發生什麼財務危機了，以後再賣出去的，都是淨賺的。你們願意這樣做嗎？」

大家都說願意。而且，他們後來果然都這樣做了，並實現了預期的目標。

如果工作業績不佳，不要找太多藉口為自己開脫，最大的原因是你不夠努力。你雖然認為自己並沒有消極怠工，仍在勤勤懇懇地工作，可是你工作的品質已經大打折扣了。這樣工作的結果，在損害公司的利益的同時，只會害了自己。

工作不是為了應付老闆，你應該以負責任的態度來對待。不要做表面工作，騙別人也騙自己。我們所要做的每一件事都不應該是為了應付而做表面工作，應該是發自內心的。

★詭之辯

如果你已經踏入社會，並有工作經驗，就會發現，不管是哪個行業都有一種現象：有些人總是受人敬重，有些人總是被人看不起。那些被人看不起的人，也許有少數人日後會出人意料地有所發展，但絕大多數人終將默默無聞。

在職場上要想受人尊重，關鍵在於你的工作能力。如果在合適的時間，你能拿出一個讓老闆滿意的方案，自然老闆會對你刮目相看。如果你提交的方案「一而再、再而三」地不能讓老闆滿意，你就只能捲鋪蓋走人了。老闆付給你薪水，是讓你為他工作並取得工作成效。公司不同於學校，老闆也不同於老師，請不要試圖挑戰老闆對你的容忍極限。你所能做的就是，盡快提高自己的業務能力和知識水平，而絕對不能像個沒事人似地笑嘻嘻地面對老闆的「氣急敗壞」。

當你走上社會之後，工作就是你一生的重要責任，你不僅要靠工作來養家餬口，還要靠工作來實現你的人生價值。工作不僅是你一生的「飯票」，也是你在這個世界上最重要的精神支柱。因此，當你走上工作職位之後，一定要記住：別在工作上被人看不起！拿出最好的表現、最佳的結果贏得老闆的賞識。

小結

利潤是企業得以生存和發展的基本前提，不能為企業創造利潤的員工對企業是沒有任何價值的。因此，績效就成為評價員工的最重要標準。一切用結果來說話，不能實現高績效的員工只能被淘汰。不要責怪老闆不講情義，企業經營的目的就是為了獲取利潤，這是所有企業的使命和宗旨。

所有的老闆都一樣，他們最想要的就是最後的結果。如果你雖然努力，但結果還是被淘汰了，那只能證明你所拿出來的結果沒有使老闆滿意。不要企圖辯解，因為現實是殘酷的，競爭是激烈的。有些人可能會說，對於工作中老闆交代的一些事情，真的是不會。但是，智慧的你一定不要直接跟老闆說「我不會」。哪怕你拿出一個不太完美的方案，也要比你說不會強得多。這至少證明你努力去做了。

第6章　憑什麼獲得升職加薪

職場上的人，誰不渴望獲得高薪？在很多企業，老闆經常給下屬這樣許諾：「小夥子好好幹，公司不會虧待你的。」「大夥都加把勁，爭取兩個月完工，在年終獎上體現大家的業績。」類似這樣的話語，確實讓很多新人感到振奮。然而，稍有經驗的人都知道，這樣的承諾基本上等於沒說。任何一個公司都有自己的薪酬管理制度，要想獲得高薪，就得拿業績說話。

另外，還有些企業，雖然在其規章制度上明明白白地寫著，銷售額達到多少，業務員的提成多少。但是通常情況下，公司所規定的額度是很難達到的，一旦有人達到，老闆可能馬上又會把標準再提高。懸賞的獎金是極其誘人的，但是能不能拿到卻存在很多變數。

正道：有高業績才能獲得高薪酬

案例故事

小軍畢業於某財經院校，畢業以後隻身去了另一個城市，希望能在那裡找到一份好工作。可是事與願違，找工作並不是他想像的那麼順利，條件好的公司嫌他沒經驗，條件不好的公司他不想去，半年時間都沒有找到合適的工作。最後，小軍為了生存，只好尋找那種只要能提供吃住，就算不給薪資他都願意去做的工作。在他被房東攆出來的那天，終於從就業報紙上看到一個企業招聘業務員的訊息——包吃包住，還有車費補貼。他眼前一亮，二話沒說就到那家公司。跟老闆面談後，老闆把公司的薪酬管理制度拿了出來說，只要小軍好好幹，如果業績不錯的話，到年終一定會拿到一筆不菲的獎金。

第二天，小軍就開始上班，因為這份工作來之不易，他從最開始的打字、複印、接收傳真甚至幫同事訂餐等做起，十分敬業，絲毫不敢懈怠。半個月以後因為一個同事生病，但是他負責的項目不能中斷，於是小軍臨危受命，繼續這位同事的項目。在接下來的時間，小軍馬不停蹄地分析資料，電話洽談，遇到不懂的問題，就向一些老同事請教，用心記住每一個工作細節和流程。這個項目最後完成的雖然不是很出色，但是讓小軍學到了不少經驗，為以後的工作展開打下了良好的基礎。功夫不負有心人，到年終的時候，由於小軍的業績相當突出，他拿到了自己以前想都不敢想的獎金。

一個為公司著想的員工，應該千方百計地想著如何為公司創造利潤，而要做到這一點，關鍵就是拿業績說話。在競爭激烈的市場經濟條件下，公司要想獲得很好的生存和發展，就必須不斷創造價值，而公司價值的獲得靠的就是員工的業績。如果沒有業績，即使你每天都在辛辛苦苦地努力工作，但所有的付出其實都是在做無用的工作，不要說高薪，就是底薪猜想都受之有愧。

在任何一個公司，業績突出都是獲得高薪的前提條件。而且當掌握了別人所不具備的專業技能的時候，你同時也就掌握了競爭高薪的金鑰匙。

正道1：功勞重於苦勞，結果重於過程

作為員工，取得業績是壓倒一切的首要任務，是工作中所有行為的導向。對於一個員工而言，如果只有努力的過程，而沒有實實在在的結果，那麼他將無法實現自身的價值，也不會取得期望的高收入。

某企業裡有這樣一位名清潔工，她不懂任何技術，但是，有一天她居然跟大家說，她把廠裡的一臺出了故障的進口設備給修理好了！同事們半信半疑，一再追問之下，她才自豪地說，是她把自己懂得修理這類進口設備的表弟找來幫忙修好的。她流露出來的成就感，彷彿比自己親自動手解決了問題還要強！

有人便對她說：「你的精神可嘉！但那也不能算是你自己修好的呀。」

她反問：「反正問題是由我來解決的。如果不是我讓表弟過來幫忙，難道他會自己跑來修理嗎？機器會自己好起來嗎？這不就等於是我做的嗎？」

正當大家在暗自嘲笑她如此不可理喻時，老闆也到了現場。當他聽了大家的討論後，卻對那位清潔工大加讚許：「她說得很有道理！並不是非要親自動手才算是自己的功勞，只要結果是因她而得來的，就應該算是她的成績！我們沒有必要在乎具體的過程和實際操作人是誰，重要的是誰在起著關鍵作用。所以，我認為她說得很對，值得嘉獎！我希望所有的員工都向她學習，因為這是一種做實事的方法和態度！成功企業都提倡『功勞重於苦勞，結果重於過程』，所以，我們一定要學會如何去實現目標，獲得想要的結果。」

功勞重於苦勞，結果重於過程。清潔工說得很對，老闆的話也很有道理。結果才是最重要的，關鍵是能夠找到解決問題獲得結果的方法！

以前，我們經常聽到「沒有功勞也有苦勞」「他是我們單位裡的一頭老黃牛，儘管業績不突出，但一直勤勤懇懇」之類的話。苦勞很容易讓我們感動，勤奮努力是我們要倡導的，然而，成功者除了比一般人勤奮外，還要比一般人更善於運用他們的智慧！我們必須學會充分利用身邊的各種資源，努力幹好自己的工作。老闆往往只關注員工的工作成果，你能提供一個好結果，你就能獲得青睞。

要想獲得高回報，就必須拿業績來說話。只有把工作做好了，才能充分體現你作為職業經理人的價值，公司上下才會對你滿意。不論你做的是什麼工作，最重要的是做出成績來，這不僅是給上級看，更是要給自己看，因為只有它才能證明自己的價值。身在職場的人，都必須懂得「沒有苦勞，只有功勞」是現代組織的生存法則。

正道2：業績是獲得高薪的唯一計量器

在一次現場招聘會上，小餘和小吳同時被一家汽車銷售店聘為銷售代表。同為新人，兩人的表現卻大相逕庭：小餘每天都跟在銷售前輩身後，用心記下別人的銷售技巧，沒有顧客的時候就坐在一邊翻看默記不同車款的配置；而小吳則把心思放在了如何討好老闆上，掐算好時間，每到老闆進門時，他都會裝模作樣地拿起刷子為汽車做清潔。

一年過去了，小餘潛心鑽研業務終於得到回報，不僅在新人中銷售業績遙遙領先，就是在整個公司也是名列前茅，並被順利地被提升為銷售顧問。而小吳卻因為連續幾個月業績不達標，慘遭淘汰。

可見，要想得到上司的重視，業績是千萬不能忽視的。無論平時在上司面前把自己包裝得多麼完美，但關鍵時刻，業績才是最能打動老闆內心的。

現在大部分公司都實行職位薪酬制，除一定數額的基本薪資，其餘諸如獎金、福利等完全由個人工作業績決定，業績高則收入高，否則就只能是低薪。在銷售、保險等行業，其收入更是取決於工作業績。

所以，作為一名員工，無論你曾經付出了多少心血，做了多大努力，也不管你學歷有多高，工作年限有多長，人品如何高尚，如果拿不出業績，老闆都會覺得他付給你薪水是在浪費金錢，你的結局也就不言自明。

假如你在職場上屢遭打擊，總是拿不到想像中的高薪資，那麼你不妨自省一下：工作業績是否達到了理想的狀態？假如答案是否定的，那麼你就要努力把業績提升上去。因為作為一名員工，只有工作業績才能最終證明他的工作能力，體現出他的存在價值。與之相反，如果你不能出色地完成自己的本職工作，不但將失去要求公司給予獎勵、加薪的資格，而且還會面臨因為自己的業績平平而被淘汰的危險。

正道3：善於發現並抓住晉升的機會

人們常說：「機不可失，時不再來。」的確，升職加薪的機會對職場人來說是非常重要的，很可能決定你的一生。正如歌德說的：「瞬間的剎那，便可決定你的一生。」因此，必須留意你身邊的一切，哪怕是一點小事，也別錯過其中可能帶給你的幸運。在工作中，你是否留意上司對人的一言一語，是否留意上司分派你的事？請你珍惜它，這都是表現你的機會。要知道，你的一份報告、一席談話、甚至一次隨從外出……都是你向上司表現的機會。切莫小看這些平凡的事務，因為你的上司就是在這些事務中發現你的。

機會稍縱即逝。誰也無法預知它來自何方，以什麼面目出現。有時它從「前門」進來，有時它來自「後窗」，有時它以本來面目出現，有時又喬裝打扮為不幸、挫折的模樣。作為一名優秀的員工，你要讓自己練就一雙慧眼，能夠發現機會，並準確地抓住它。否則，若機會來訪卻當面不識，失之交臂，那就悔之晚矣。

俗話說：「通往失敗的路上處處是錯失了的機會。」要善於發現機會，尋找機會，是你人生的第一課。

首先，要求要有開闊的胸懷、廣闊的視野，把眼光放在更廣闊的領域，而不是侷限於某個狹小的範圍內或某個單純的管道上。

其次，要善於分析，「撥開烏雲重見日」。機會常常改裝打扮以問題面目出現，如對某一重要問題的解決本身就為以後的晉升提供了良機。

再次，要樂觀，不要僅看到眼前的問題，還要發現問題後面的機會。美國著名行為學家魏特利博士說：「悲觀者只看見機會後面的問題，樂觀者卻看見問題後面的機會。」

培根有一段話說得很睿智：「機會先把前額的頭髮給你捉，而你不捉以後，就要把禿頭給你捉了。或者至少先把瓶子的把兒給你拿，如果你不拿，它就要把瓶子滾圓的身子給你，而那是更難抓住的。在開端起始善用時機，再沒有比這種智慧更大的人。」可見，「機會老人」是好捉弄人的。你是否經常只「碰到它的禿頭」？如果這樣，請你注意「及時行動」四個字。大凡事業成功者，都善於假藉機會，從不放過任何一次機會。哪怕是不起眼的或者是稍有不慎會遭厄運的機會。

廣東的一家製藥廠由於更新設備，資金投入太大，一時周轉不靈，再加上原有的產品長期滯銷，企業虧損十分嚴重。為了扭轉這一困境，老闆打算充分利用新型設備，轉型生產新型藥品，並相中了北京一家研究所最新研製的一種新藥。技術部的小謝知道老闆的打算後，主動請求到北京去聯繫業務。小謝不辭辛苦，往返幾個來回，終於成功地引進了這項新技術。新藥品的試銷成功，使製藥廠很快扭虧為盈。小謝也因此而被提升為分管技術的副廠長。

引進新技術這件事看似簡單，但實際上透過主動去把握機會是件很不簡單的事。它需要承擔風險的勇氣，也需要有一定的實力儲備。「軍令狀」意味著承擔壓力和責任，因為老闆在你身上寄託了期待和希望。一旦引進技術不成功，或者生產出來的產品沒有銷路，那小謝就成了「千古罪人」。

一個聰明的員工在實施自己的升職規劃中，既要善於宣傳自己的主張，讓更多的人瞭解自己，此外，你在運用務實的藝術時應把握以下兩點：

1.無論什麼工作都要服從上司安排，切忌盲目地去做，這樣只能吃力不討好。

2.無論什麼工作都不能過於挑剔。如何你連小事都做不了，那就更別說做大事了。

★正之解

俗話說「人往高處走」，踏入職場後，升職加薪就成了新的奮鬥目標，但如果你的努力和成績從來沒有進入老闆的視線，那麼這個職場的目標恐怕永遠和你無緣。如果你想在公司獲得升職加薪的機會，唯一的辦法就是提升業績。

企業賴以生存、發展的前提和基礎是賺取利潤，而利潤的源泉就是員工的業績。一個不能創造業績的員工，只能接受被淘汰的命運。你不要抱怨老闆沒有憐憫之心，老闆如果對你太過仁慈，那就是對其他員工（也包括對股東）的殘忍，而且這種仁慈也不可能長久地持續下去。

員工能為公司創造多少價值，實現多少利潤，完全取決於他的工作業績。能在老闆心中留下深刻印象的人，一定是那些業績斐然的員工。當然，他們也將因此獲得豐厚的獎賞。作為現代企業的一名員工，在工作過程中必須用自己的成績去證明自己的能力和價值，必須對企業的發展有所貢獻，這樣才會得到企業的重用並拿到更高的薪水。

詭道：老闆又給你「畫餅」了嗎？

案例故事

小楊在北京一所大學畢業後，應聘到了一家公司上班。這家公司很多人想進都進不來，待遇不錯，發展前景也非常看好。但小楊的老家在廣州，父母年老多病，又只有小楊一個兒子，想讓他回廣州發展。於是小楊就在網上投了幾份簡歷，幸運的是廣州的一家還不錯的公司誠邀小楊加盟。當他把想法和公司主管提出時，卻遭到了阻攔。當然，公司老闆阻止他辭職，不是有意刁難他，聽上去完全是為他著想。

老闆對他說：「你在這裡工作也有一年多了，能力很強，業績也很突出，就這麼一下子走了，未免太可惜了。說實在的，公司早已有提拔你的想法，只是時機不太成熟。你們部門的主管年紀不小了，你難道看不出這是一個很好的機會嗎？如果你到了新的公司，一切都得從頭開始，豈不是太可惜？我今天可以關著門對你表態，一年之內，你肯定能坐上部門主管的位子。隨著職位的升遷，你的年終獎金額度也會加大。」

老闆極力地挽留他，這也是小楊意料之中的。他畢竟是公司的業務好手，最近公司又承接了一個大項目，技術方案還指著小楊操刀呢。在這個節骨眼上，老闆捨不得讓他走，也在情理之中。但老闆對他許了這麼大一個願，是他沒有想到的。說實話，他一心想走，除了父母的原因外，還有就是對自己總得不到重用有很大關係。活做了不少，但在獎金方面卻沒有體現，這讓他心裡很不平衡。老闆的這番話，讓他頓時覺得自己的春天來了。

於是，小楊放棄了辭職的想法，在公司也不再提換工作的事。可是讓小楊沒想到的是，雖然留了下來，並且工作得非常賣力，各項工作任務也都出色地完成了，老闆卻再也沒有提過要提拔他，而且在獎金方面依然如故。有好幾次，他忍不住跑到老闆的辦公室，藉口匯報工作，旁敲側擊地問起自己的事。老闆每次都以職位還沒有空缺，獎金制度還沒有調整，時機不成熟為由搪塞。而且，老闆每次都信誓旦旦地表示，一定不會虧待他，讓他放一百個心。

面對老闆的說辭，小楊一點辦法都沒有。就這樣，一年的時間很快就過去了。有一次，公司幾個同事一塊喝酒，小楊說起了這件事，結果發現，老闆的這些話，對好幾個人都說過。

升職？加薪？獎金？有的時候只是老闆留住員工的口頭「餡餅」而已。

小楊的遭遇確實讓人很氣憤。在職場上，有些企業老闆經常會用職位、薪水或者其他利益，激勵下屬更加努力地工作，這是他們管理的招數之一。面對老闆在自己面前掛起的那張「餅」，作為下屬，我們一定要冷靜地分析和判斷，自己到底能不能吃得到。如果那張「餅」掛得雖然很好看，但根本不適合自己，就不能心動。比如，小楊的老闆許諾他，一年內把他提到主管的位置上。小楊自己也應該分析一下，自己離這個位置到底有多遠？有多少人會競爭這個位置？老闆為什麼會如此看重他？還有，為什麼老闆以前隻字未提，卻在他想走的時候，開出這麼一張空頭支票？想明白了，或許就不會抱以這麼大的希望，也不會錯失去別家公司的大好機會了。

與其說是上司耍伎倆，還不如說是自己被慾望迷惑。在職場上，要警惕老闆時不時開出的空頭支票，那可能是一張掛在你眼前，而且是永遠吃不到的「餅」。

詭道1：對你許諾，是因為馬上要用到你

職場中，有的老闆人品稍好，答應的十件事裡能做到七八件，其他不能做到的，也給個交代，但有的老闆都用許諾來利用員工，事情沒做之前升官發財一大堆，等事情做完卻一個都不兌現。這種老闆每次食言，都裝著若無其事，好像從來都沒有說過那些話似的。

老闆的許諾不兌現，是職場中最常見的現象。久而久之，我們就會發現一個有趣的現象，可能越是喜歡許諾的老闆越不可靠，越是多次拍胸脯保證的東西，越是不可能到手。

作為公司的員工，你要明白老闆對你的那些許諾，其實大多數開的都是空頭支票，是不可能兌現的。老闆之所對你許諾，是希望你能努力工作，完成任務。因為害怕你不能全力以赴，所以就信誓旦旦地給你許下承諾。

老闆為什麼非要用承諾的形式答應給你好處，而不是直接給你呢？答案就是他實際上是不想給你的，他心裡另有打算，只是給你一個口頭的承諾。因此，我們都要搞清這一點，當老闆說出一個口頭承諾的時候，其實他內心是很不想給你的，這不過是他的權宜之計，希望用承諾來誘使你完成任務，達到目的。

真的是這樣子嗎？你可能會覺得很困惑，老闆許諾的時候明明看著很真誠嘛。的確，我們不否認有些老闆在許諾的時候是真心誠意的。但是，你必須明白，周圍環境千變萬化，職場中的事情每分每秒也都在變化，老闆心中更是變化多端，利益在他們面前高於一切，他們的決定會隨著利益的改變而不斷變化。在你做事之前，上司有用得著你的地方，確實是對你委以重任，他們的承諾可能是真的。一旦等你做完事情後，對他們來說，你的利用價值已經沒有了，需要你做的事情都完成了，新的任務需要別人去做。一個毫無利用價值的你和另一個即將去做事情的人，你說他會選擇誰？他們會拿這個誘餌去吸引下一個職員，讓他繼續努力工作。

所以你要清楚，老闆每次向你承諾時，可能都是真心的，但他們毀約時也是真心的。老闆的許諾總是無法兌現，原因其實很簡單，不過是利益發生了變化，他們之前需要你，之後更需要別人，僅此而已。

詭道2：向老闆要，靠技巧而不是靠吵鬧

老闆在向員工委以重任的時候，都會面臨兩個選擇：說還是做。如果做的話，每個職場利益都只能用一次，這樣成本太高。所以，絕大部分的老闆，都會把職場利益當成誘餌，用說的方式來口頭承諾。這種口頭承諾能給員工以心理滿足，這就是老闆給予的好處。

那麼面對老闆的委派，我們該怎麼辦呢？

有的人會當眾大鬧，逼迫老闆兌現承諾，這是最壞的一種選擇。因為當眾吵架，並不會給你帶來任何好結果，老闆永遠不會在當眾脅迫下低頭，否則他以後就沒辦法管理公司了。而且這種吵鬧，會逼著老闆立馬「修理」你。否則，以後當眾拍桌子的人會越來越多。所以老闆沒有選擇，只能殺雞儆猴，拿你開刀。

有的人則會自拋自棄，覺得已經看穿了職場的一切，所以開始瞎混日子，不管主管交代什麼事情都不願意去做，成為職場中的行屍走肉，這種選擇當然也不好。因為自拋自棄並不會給老闆造成多大傷害，反讓你自己的處境更加艱難，損失的反而是自己的利益。

還有的人會忍氣吞聲，繼續做好自己的分內事情，如果主管再安排工作，他們還是會努力地去做，這種人是很安全的，能夠在職場長治久安地生存下去。但是，他們也是得不到多少好處的人，因為老闆看到他們不敢鬧事、不敢抗爭，這樣的下屬誰不樂於利用？不要奢望老闆會發善心，把實實在在的好處給老實人。

因此，當你知道自己被老闆欺騙後，首先要做的就是忍耐，不能當場抗爭，當面大鬧，千萬不能先發火，更不能伺機報復，當然你也不能自暴自棄。你應該繼續認真地做事情，但也不是說要忍氣吞聲，當老闆下次有求於你時，就是你講條件的時候了。

你有兩個選擇，如果老闆要你做的是短期的事情，一次性過的，那麼就當場講價，並不是要老闆兌現這次的好處，而是要他兌現上次欠你的好處，這種講價如果加上技巧，不會像脅迫，更像是商量。如果需要你做的是一件長期的事情，那麼就先去做，儘可能地把資源掌握在自己手裡，讓自己處於主導地位，然後可以用撂挑子、跳槽的謠言與老闆議價。其實，這個道理很簡單，也很容易操作。

當你上過一次當後，就不要再上第二次當。不要在同一個地方摔倒兩次。

詭道3：升職加薪要靠自己爭取

對大多數職場人士來說，獲得升職加薪儘管不是唯一目的，至少也是一個至關重要的目的。為了達到這一目的，你不能總是消極等待，而可以採取向老闆主動要求的辦法。可是，自己主動要求升職加薪，對每個人來說幾乎都是一種極度尷尬與緊張的事，並不能輕而易舉地做到。有過這類經驗的人，都能體會到下面三種心理負擔：1.萬一被老闆拒絕了怎麼辦？2.應怎樣開口？而他又會怎麼說？3.如果他對你採取刻意挑剔的舉動，怎麼辦？

這三種心理負擔，使很多希望升職加薪的人望而卻步。那麼，在你希望老闆給你升職加薪的時候，有沒有一種既能減輕心理負擔又能達成目的的方法存在呢？答案是肯定的。但是，要綜合考慮到各種實際因素，比如：自己的業績如何？能力怎麼樣？企業經營狀況如何？企業的薪資制度是怎樣的？……此外，老闆的為人、性格、你在他心目中的印象等，也是影響你能否為自己爭取到升職加薪機會的重要因素。所有這些因素不僅繁多，而且十分複雜。

儘管如此，我們還是不能放棄爭取升職加薪的機會。畢竟，「不想升職加薪的員工不是好員工」。在向老闆提出要求時，一定要注意技巧和方法。

1.辭職不幹

許多職場資深人士都對這種方法的效能給予積極的評價。這種方法最適合薪資結構不夠明確的中小型企業的員工採用。但是，採用這種方法的人必須具備一定的條件，才能達到目的，發揮出該方法的效用。假如你是一位工作表現傑出的員工，採取這種方法將可能讓你順利獲取成功，但是恐怕只能成功一次，下不為例了。因為用多了這種伎倆，為老闆所洞察之後，他就不買你的帳了。倘若你是一直表現平庸的員工。則不要輕易嘗試這種手法，因為老闆巴不得你走，既然你自己提了出來，他就會做個「順水」人情，利用這個機會把你淘汰掉。

需要指出的是，只有當你擁有另一份待遇更高的工作機會時，才可使用這一種威脅手段。否則，可能會面臨「雞飛蛋打」的悲慘結局了。

2.趁熱打鐵

所謂趁熱打鐵法，就是在最有利於要求升職加薪的時候進行表現，比如你剛剛完成了一項艱巨的任務，剛剛突破了某個難題的「瓶頸」，剛剛引進了某種足以令公司節省大量開支的生產技術或工藝，等等，此時你就可以採用迂迴的方法提醒老闆注意你所取得的成績，這樣他會留下較深的印象。因而當你提出升職加薪的要求時，他便沒有理由拒絕了。「機不可失，時不再來」，一定要抓住時機趁熱打鐵，否則時間一長，你的功勞慢慢就被遺忘了。

3.盡情表功

假如你的工作業績表現在整個公司裡算得上是一流的，而工作態度也無可挑剔，此時，運用「盡情表功法」或許最為適當。在運用這種方法前，你應先將過去一段時期內你所做成的最有意義和最不尋常的工作成績開列出一張清單，然後便正式謁見老闆，非常誠懇地提出你的要求。和老闆面談的時候，你可以按照清單的次序指出和敘述你一系列的優異工作表現，以便讓他作出正確而有效的評價。只要他沒有消極性的評價，則你接下去所提出的升職加薪的要求很有可能被批準。

4.獅子開口

基本上，這種方法可以和上面任何一種方法合併起來使用。所謂獅子開口法，就是當你在要求升職加薪的時候，可以把價碼開得比實際想要獲得的高一些，這更有助於你實現自己的真正目的。正如西方諺語所說：「當你只想獲得一株樹木的時候，不妨先要求整個森林。」如果你只希望獲得20%加薪，不妨提出40%的要求。這樣，在上司還價之後，你很可能會實現自己的願望。

可是，在運用這種方法時，必須注意一點，就是適可而止，口不要開得太大。如果你把自己的獅子口開得太大的話，老闆很可能把你視為貪得無厭的狂徒，你的願望也就化為泡影了。

5.東邊不亮西邊亮

在公司中，你是一個循規蹈矩，遵守紀律的人，與同事也保持著良好的關係，從來沒有頂撞過上司，而且在工作上也做出了出色的成績。總之，你是一個無可指責，近乎完美的人。但是，無論你怎樣完美，如何出色，老闆就是不給你晉升的機會，他似乎在有意和你過不去。這種情況並非不存在，在現實中，其發生的機率也是比較大的。一旦這種情況發生在你的身上，自怨自艾，或者呼天喊地，都沒有什麼好處。或者你會採取較為積極的做法，但即使你使出渾身解數拚命表現自己，爭取機會，也不會有任何結果。那麼，你就不必再折磨自己了。應該迅速作出決斷，提出辭職，另謀他路，這就是教給你的最後一個絕招。

常言道：樹挪死，人挪活。只要你有卓越的才能和優秀的品質，不愁找不到更好的工作。雖然這也是不得已而為之，但總比在原公司受窩囊氣強。所謂「良禽擇木而棲，賢臣擇主而侍」，作為一個有頭腦的人，既有選擇的自由，也有選擇的必要，不能在一棵樹上吊死，也不能一條道跑到黑。現代社會，是一個充滿活力與自由的社會，可以選擇的機會很多，那麼多公司，不相信就沒有一個能夠適合你、可以發揮你的能力的。要對自己有信心，有能力一定能夠顯示出來。你到別的公司後，可能會擁有一個更好的環境和更廣闊的天地。

詭道4：做好升遷前的功課

通常情況下，老闆是根據什麼標準給下屬升職加薪呢？換句話說就是，員工應當具備什麼樣的條件，才能獲得升遷呢？這並不是一個很好回答的問題。事實上，沒有一個固定的方程式可以得到升職和加薪這兩個問題的答案。但是，有一些基本的條件是獲得升職和加薪所必備的。所謂基本條件，也就是你本身要事先做好的事情，這是你獲得升職和加薪的基礎。這些條件是相輔相成、互為作用的，任何一項都不可缺。

並非每個老闆都是明智的。在很多時候，老闆需要經過下屬言語或行為上的提醒，才能觸發起升職的念頭。當你瞭解老闆是這種被動的人之後，與其期望他對你主動做出提升的安排，還不如好好為自己的將來動腦筋來得實際。在你打算創造升遷機會之前，必須要先作足以下這些功課：

1.讓老闆依賴你

多花些時間蒐集有關工作的資料，多找些機會與老闆接觸，與他探討一些工作上的事情，並儘可能地給他提供一些有用的建議。久而久之，老闆就會養成「依賴」你的習慣。這樣，你就奏響了獲得晉升的前奏。

2.發揮各方面的才能

別總是專注於提高某一項工作的能力，否則，老闆會因為找不到合適人選替代你的位置，而讓你一直待在原來的位置上。雖然專心投入工作是獲得老闆賞識的主要條件，但除了做好本身的工作外，也要讓他知道，你具備各個方面的才能。在其他同事放長假時，你可以主動幫助同事處理事情。這樣做，一則可以從中學到更多的東西，二則證明你對公司有歸屬感。

3.與老闆建立友誼

這不太容易把握，也不容易做到。特別是異性之間，太過親密反而會使其他同事產生誤會，從而危及你在公司裡的職業發展。不過，不要奢望老闆會對你付出真正的友誼，他只是需要感到你的友善罷了。如果你能夠達到這一目的，那就足夠了。

4.瞭解公司的晉升制度

先瞭解公司的晉升制度，才能有明確的為之奮鬥的目標。一般來說，公司的晉升制度有以下幾種：

（1）選舉晉升。是指以投票或民主評議的方式決定某人的晉升，這要求你必須具有比較好的群眾基礎，才能「高票當選」。所以，與同事打成一片不僅是必要的，也是必須的。

（2）學歷晉升。這種方式雖然為人們所詬病，但仍然有很多企業老闆堅信，學歷高的下屬會為公司帶來更大的利益。

（3）交叉晉升。是指由一個部門調到另一個部門，由副職晉升為正職。

（4）越級晉升。是指由於員工的貢獻特別巨大，從而獲得超越常規的大幅度的提升。

大多數公司都是採用上面所列的一種或幾種晉升制度，企業的晉升制度一旦制訂，就不會輕易改變。如果你所在的公司是以循序漸進的方式晉升的話，那就很不走運了。儘管你很有才幹，也得熬上多年，才能期望得到一個較大的晉升機會。對於一個有才華的員工來說，在這種晉升制度的環境下工作，才能會得不到充分發揮。因此，積極進取和自信的人，應選擇可以超越晉升和交叉晉升的公司，挑戰性比較大，個人的發展前途也比較光明。

在一個理想的公司環境之下，遇到公司有高職位的空缺，如果你對這個職位有興趣的話，可以參考下列程序進行操作，這對你獲得晉升會大有裨益。

1.瞭解該職位誰有資格勝任

所謂「知己知彼，百戰百勝」，雖然瞭解別人並不一定必勝，但起碼可以由此知道，需要擁有什麼條件才能獲得晉升，從而為下一次晉升機會作好準備，打下基礎。

2.讓老闆知道你對該職位有興趣

你不僅要讓老闆知道你對該職位有興趣，還要提出具體的建議，證明你有足夠的資格和能力勝任那個職位。這樣做似乎有點難以啟齒，但實際上，不少老闆為了選擇合適人選大傷腦筋，你這樣做其實是在幫他解決難題。正如毛遂自薦那樣，你也需要具備一定的自我推銷能力。過分含蓄和謙虛，在現代社會是吃不開的，它會成為你前進道路上的絆腳石。

3.讓老闆知道你是想為公司多做貢獻，而不是考慮晉升後能得到什麼報酬

這一點很重要。老闆們最擔心和討厭那種一味追求個人私利的人，他們覺得這種人只會投機鑽營，並沒有多少實際的工作能力。假如把這種人提升到較高職位的話，只會給公司給自己添麻煩。因此，你應該讓老闆感到，你並不是那種單純追名逐利的無能之輩，而是有很強的事業心和責任感；你之所以想得到較高的職位，是為公司的前途和利益著想，是為了實現自己想幹一番事業的雄心壯志。

如果最終晉升的人選落在了別的同事身上，你也不要因此沮喪和不合作，你的每一個表現，都會留在別人的心中，尤其是老闆的心中。因此，你要表現出大將風度，不以一城一池之得失而或喜或悲，應把眼光放長遠些，為下一個晉升機會的來臨做準備。

軌道5：別陷在年終獎金的漩渦裡

年終獎是公司對在職位上奮鬥一年的職工的獎勵，主要以獎金的形式支付，發放的時間多是農曆年的歲末。雖然發「悶包」（即老闆自行決定給員工的獎金多少，員工之間互不知曉）的情況不在少數，但公開的績效考評制度已成為大多數企業發放年終獎的主要考評制度。

員工們辛苦奮鬥了一年，誰都期盼年終時能有這樣或那樣的獎勵。每當臨近年關，職場人除了要擔心裁員名單以外，還要算計今年能否拿到年終獎，能拿多少？這種對年終獎的渴望，往往影響著他們下一步的行動計畫。當老闆的當然知道年終獎金的厲害，不發當然不行，那樣會引起眾怒；馬上足額發放也不行，因為很多人拿

到錢後會立馬走人。很多職場人士因此被年終獎金套牢在一個地方，動彈不得。

案例1：小李辛辛苦苦了工作一年，就盼著到年關多拿些獎金，好痛快地過個年。沒有想到年底卻收到財務部的通知——年終獎金改在明年六月發。讓他大為惱火。原來，老闆因為去年很多人拿了年終獎金跳了槽後，造成了很嚴重的「心理障礙」。推遲發獎金時間，可以防止重要的員工拿錢跑路。即使員工跳了槽，也省下這筆開銷。

知道緣由後，小李心裡五味雜陳，想想每月微薄的薪水，本想指望年終獎金來撫慰一下呢。這樣一來，從未想過跳槽的他，也想換個工作了。

案例2：小張是軟體工程師，在一家中等規模的IT公司工作，已經工作五年的他，遭遇了職業發展的瓶頸，並且在年末就已經開始醞釀跳槽。就是因為年終獎金的緣故，讓他一直沒能下定決心。

因為獎金的誘惑，小張一直等到了隔年年末。可是等到他拿到年終獎金時，有意挖小張的幾家公司早已找到了合適的人選，面對眼前的這一切，小張後悔極了，深知自己這一切都是被年終獎金給套牢造成的。

案例3：有一家規模較大的企業，其發放年終獎金的方式則更加奇特。年終獎金要隔一年才能拿到，也就是說2018年度的年終獎金必須要到2019年才能拿到。這筆年終獎金非常可觀，因為這個公司平時的獎金並不足額發放，都留著年終一併發放。這就迫使整個企業的員工不敢跳槽，因為一旦你跳了槽，這筆年終獎金你就永遠失去了。

年終獎金就像你投資的股票一樣，平時也許會有一些失望，但是因為不知道它什麼時候行情會看漲，所以你心中總是充滿了期待。年終獎金，就是這種期待的結果。很多職場人就是因為擁有這樣的期待，而一年又一年地勤奮努力，被套在了年終獎金的漩渦裡。

現在，很多公司將年終獎金的發放時間推遲到次年7月，讓年終獎金變成了「年中獎金」，對於職場人而言，僅因年終獎金而留在某處工作，不僅會浪費有限的時間成本，更可能會耽誤整個職業生涯的發展。

年終獎金本來是企業挽留員工的一種撫慰方式，然而，很多員工在領取了年終獎金金後立馬跳槽的事件屢次發生後，沖淡了這種方式的效用，所以企業轉變形式也是「情有可原」。但是，如果個人因此而打亂了自己生涯發展的方向，未免就得不償失了。

所以，我們要從觀念上淡化對年終獎金的渴望，對於自身的發展會更有幫助。年終獎金不過是一種獎勵，而對於發放獎勵的老闆來講，每個人的標準都不相同。若將大量熱情投入其中，一旦遇到變化，難免傷神。更糟糕的是，它會影響到我們做出正確的選擇。對於那些準備跳槽的人來說，再多的獎金也換不來一個好的發展機會。

★詭之辯

幾乎所有的老闆都是吝嗇的，「畫餅」是他們慣常的手段。作為員工，我們無法拒絕老闆給我們「畫餅」，但是對於那塊「餅」自己是不是可以拿的到，應該心裡有數。事實上，老闆畫的「餅」可以是虛幻的，也可以是真實的，關鍵在於你有沒有能力和智慧去拿到。

還有一種情況是，有些老闆雖然想兌現承諾，但又害怕員工東西到手後立馬走人，所以他們不願意馬上兌現他們許下的諾言。如果你能從這個角度來考慮，心態就會平和許多，在利與弊、得與失的把握上才會更顯得理性與智慧。

職場人士應當理性地面對老闆為你畫的那個「餅」，雖然誘惑巨大，但別太當真。當老闆在向你「畫大餅」的時候，你不妨禮貌地謝絕老闆的「好意」，並藉機提出一些在老闆看來並不過分而對你的工作又很有幫助的請求，這樣會讓老闆覺得你既通情達理，又熱愛本職工作，是個不可多得的好員工。

小結

雖然說在職場上，靠業績獲得高薪是正道，但是我們也要警惕某些老闆只給你「畫餅」，卻不履行承諾的行為。現代社會，競爭無處不在，而且愈演愈烈。我們不能只做一頭忠實的老黃牛，更要做展翅高飛的雄鷹；我們不能只學會苦幹，更應該學會巧幹。這些不僅需要能力，更需要智慧。

對於老闆來說，雖然「畫餅」有失信之嫌，但也不失為一種行之有效的員工激勵手段。作為管理人員，有時候的確需要給下屬「畫餅」，給他清晰的工作規劃和薪酬路線。但是，畫「餅」不給「餅」，屬於空激勵，不能給「餅」而繼續給下屬畫「餅」，久而久之，就會成為負激勵。

對於老闆畫出來的「餅」，我們可以微笑著傾聽，但是不要一味地相信。

第7章　定位與站位

每個職場人都應該對自己進行定位，沒有定位或者定位不清，很容易造成思維混亂，無所適從。通常來說，職業生涯規劃對職場定位具有比較好的指導意義。比如，做事情我們都想做到第一，這個第一就是定位。定位是針對未來的，而不是侷限於現在。因而定位不僅要準確、有針對性，而且還要有大氣概、大魄力。古人所說的「取法乎上，僅得其中；取法乎中，僅得其下」，講的就是這個道理。

站位就是搶占先機，當仁不讓，就如同一個蘿蔔一個坑。假如你連位子都占不到，沒有展示自己魅力的平臺，那你的「凌雲壯志」又怎麼可能實現呢？搶占位子的時候，眼睛要快，下手要準。機會稍縱即逝，如果你總是遲疑不決，或者囿於面子，不好意思去爭，那就等著將來後悔吧。

正道：在正確的地方做正確的事

案例故事

21歲的吉姆大學畢業之後，進入了一家集團公司，隨即被派往紐約分公司做財務工作。在工作中，他發現分公司的財務軟體與總公司之間有一些不匹配的地方。這套財務軟體來自一家著名的軟體公司，它的強大功能不容置疑。

但是，問題的確存在，儘管只是小問題，但是處理起來非常的繁瑣，不可避免地會造成一些錯誤。當吉姆聽說董事長不久將來分公司考察的消息後，他決定自己動手來完善這個軟體，給董事長一個好的印象。為此，他請教了許多相關專業的朋友，經過幾個月的努力，終於達到了預期的目標。

改善後的軟體被應用到分公司的財務工作中，員工反映非常好。幾個月後，董事長來到紐約分公司視察，吉姆為他演示了這個軟體。董事長馬上發現了這套軟體的優越性能。很快，這個軟體便被推廣到集團在全美的各個分公司。

三年後，吉姆成為了集團最年輕的分公司經理。

在正確的時間，出現在正確的地方，去做你要做的事，是高效率工作並獲得成功的根本。

但是，職場中，常常有很多員工不知道在正確的時候去做正確的事，他們總是一次又一次上演錯失良機的故事。所謂錯失，就是沒有在「保質期」裡消化該消化的東西，就是沒有在正確的時間和正確的地點做正確的事情。但遺憾的是，在職場中，有些員工卻未必能這麼理智和積極。

正道1：選對池塘，才能釣到大魚

每一個剛剛踏入社會的年輕人都必須做出一項重要決定：我將以什麼方式來謀生？作一個記者、郵差、企業家、工程師、醫生還是大學教授？也就是說，選擇到什麼「池塘」去「釣魚」。我們不僅要考慮哪些「池塘」有「魚」，還要考慮是不是適合自己的垂釣風格。如果「池塘」選錯了，比如進入了一個夕陽產業或者沒落的企業，那裡根本就沒有「魚」，無論你怎樣努力都是徒勞；同時還要考慮到，有些「池塘」裡雖然有「魚」，但不適合你的「垂釣」風格，比如你想當科學家，可是你的理科成績比較差，或者你想當電視主持人，可是你的表達能力太差，即使你比別人努力得多，也只能是事倍功半。所以，我們不僅要考慮「池塘」裡有沒有

「魚」，也要考慮是否適合自己「垂釣」。

事實上，所有的選擇都會有機會成本，這有點類似於賭博。但是我們在「賭」的時候，要儘量增加自己的「贏面」。許多事業有成的人有一個共同特點，就是能在正確的時間做出正確的決策，也就是說他們「賭」對了。當然，他們並不是盲目地下「賭注」，他們通常都對自己的人生和事業有一個明確的目標和整體的規畫。現在有很多年輕人還沒有認識到職業規畫的重要性，這是因為：他們不知道如何去做；他們覺得這樣做太麻煩；他們對自己確定的目標和計劃沒有信心；他們將目標制訂得過於長遠，這使立刻看到成果變得不可能，從而導致他們喪失了勇氣。

我們一般都有多種興趣，我們所面對的選擇是如此之多，以至於我們變得無所適從。的確，職業生涯中充滿了不確定的因素，我們無法確切地知道明天將發生什麼。但是我們可以透過有效的預測和適時的調整，使職業生涯發展不至於偏離目標太遠。

很多年輕人渴望瞭解什麼樣的職業才算是有前途的職業。雖然從理論上來說，任何一個行業都有發展的機會，但對於一個剛剛踏入社會的年輕人來說，選擇不同職業，對於未來累積財富的速度和事業成功會有很大的影響。「男怕入錯行，女怕嫁錯郎」，說的就是這個道理。

許多職業指導報告都提供職業前途的比較分析，譬如媒體公開的薪資收入數據。對於一個產業而言，未來市場或顧客需求的成長率越高，未來競爭者供給增加的成長率越低，就是好的行業；相應的，置身該行業的企業或個人水漲船高，利潤與薪資都會隨之上漲。反之，未來市場或顧客需求的成長率越低，未來競爭者或供給增加的成長率越高，就是相對較差的行業。相應的，置身該行業的企業或個人，利潤與薪資也會隨之下跌。

因此，平時多關注一些這樣的訊息，多瞭解一些各個行業的發展趨勢，對個人的職業發展很有幫助。一個人從出生到去世，雖然生命長度不同，但是成長的階段則是不變的，不同階段的環境，需要有不同的策略來配合，才能保證我們不至於偏離目標，所以我們必須要有「生涯規劃」的觀念。

正道2：沒有正確的目標，如同在黑暗中前行

職場中的年輕人可能會有這樣的疑問：為什麼有的人在單位裡能創造出很高的業績，獲得一次又一次的成功，而有的人忙忙碌碌卻最終一事無成呢？

成功的人都有一個共性，就是善於把握方向。無論他們做什麼事情，都把目標看得很清楚才開始行動。如果沒有明確的目標，一味地蠻幹，是決不會獲得成功，達到理想的彼岸的。一個人最重要的成功原則就是，要時刻清醒地認識到自己是什麼樣的人和要做什麼樣的事。

如果拚命地在錯誤的事情上浪費精力，努力工作，即便是做得十全十美，也只能是南轅北轍，不會給工作和生活帶來成功和快樂。人生最悲哀的事情是什麼？那就是用十分的努力和百倍的熱情，做了一件完全不該做的事。

很多人以賺錢或是獲得名譽為唯一的目標，並且把這一目標無限地擴大，使自己總是處於緊張、繁忙和無序的狀態，很少考慮自己的職業能力、生意天賦、興趣愛好等其他方面的問題。在行動的方向上，也總是處於盲從的狀態，而不是根據自己的實際狀況來考慮問題。這樣的結果，會使自己對工作失去樂趣和激情，最終將會擺脫不掉失敗的結果。

有很多的改變都是前進路上的方向，雖然這些改變看上去很細微，但是它們的作用要比速度重要的多。人生就好像是一次旅行，

可以有不同的速度，但首先要明確方向，大多數人在匆匆趕路的時候，不考慮方向的問題，結果去了一些根本不值得去的地方。沒有了方向，速度就失去了意義。所以我們應該記住，方向永遠比速度更重要。

「跛足而不迷路的人能趕過雖健步如飛但誤入歧途的人。」根據自己的才能特點，發揮自己的性格優勢，選擇適當的學習目標，這樣，才能少走彎路，快出成果，早日走上成功之路。可以這樣說，沒有目標的努力，就如同在黑暗中前行。

決定方向的因素有很多，要在生活中對它們進行嚴格的審視，比如選擇與什麼樣的人做為朋友、時間安排、創造力、熱情、對工作的態度等等。不要小看每一天的生活狀態和快樂指數，這些可能都在潛移默化地影響著你對事物的看法，堅持自己的正確觀點，付出勇氣和行動，不斷加油，這是一種簡單而有效的成功方法。

事實上，在通往成功的路上會有很多障礙，即使你運用了比較輕鬆而有效的工作方法，要想獲得更多，還需要持續不斷地為之努力。你一定要有足夠的耐心和戰勝困難的決心。如果因為自己的努力而獲得了你以前從來沒有過的金錢或者財富，那種快樂和滿足感，比生下來就富有的人高出幾百倍，這樣的生命體驗不是更有意義、更有成就感嗎？

職場中的年輕人，關於自己的人生方向你是否已做出規畫？也許你仍在學校裡深造，但這不會影響你為自己設計未來的美好藍圖，有了這藍圖，你才不會浪費過多的時間，因為「時間就是金錢」；也許你已是一個社會人，那就更應該瞭解：有一個目標會使你少做很多的無用功，能更輕鬆、更快捷、更高效地實現自己的理想。

職場中的年輕人最應該懂得的是，無論幹什麼事都要很好地掌握好方向性，即目標性。沒有方向，漫無目的地去幹，等於是在白白浪費時間，根本就不會有什麼高效率可言。

正道3：發現你的優勢，並發揚光大

每個員工都有自己的性格特徵和天賦，將其放到最合適的位置，將所長儘可能的放大。麥肯錫在《發現你的優勢》一書中提到：不要讓豬唱歌，不要讓狗上樹。聽來很刺耳，其實主要是要表達：不要勉強做自己不擅長的事情。

選對了土壤的種子才能更好地發芽成長。對於個人來講，也應該正確地面對現實和自身的優勢，自信來自於你能掌控的事情。但是大部分的人不知道自己的優勢，哪怕已經不年輕。因為大部分的人要嘛自卑、要嘛自負，很難用平和的心態來客觀評價自己。

《現在，發現你的優勢》一書中提到，五個關鍵詞代表了自己的優勢主題。交往—人際溝通的親和力；完美—追求優秀而不是平均；個別—差別看待每個人的優勢，不做簡單歸類；統籌—雜耍技巧，整合力強；成就—內心追求成功。

不同的職業具有不同的能力要求，我們要判斷自己具備從事何種職業的能力，即要知道自己的優勢能力。下面推薦的幾個方法可以幫你發現自己的優勢能力所在。

1.不假思索的反應

沒有經過相關的教育與培訓，在某些方面卻能力出眾。譬如流行歌手戴佩妮、鄭智化都不識五線譜，但他們卻創作出了不少頗受歡迎的歌曲。有銷售天賦的人，天生就可以很快拉近和陌生人的距離，並且容易與別人保持良好的關係。如果缺乏這方面的能力，絞盡腦汁也未必有好的效果。

2.學得快

從小到大讀書，同班同學都是接受同樣的課程與教育，但對不同科目大家的學習能力有所不同，導致學習成績也會相差很大。想一想自己在哪些方面能夠很快地學習好。

3.渴望

你經常希望運用這些能力去做事情。譬如你擅長寫作，可能就會想做編輯或作家；你對數字敏感，很想去做財務工作等。

4.滿足

運用這些能力以後，你會很開心，很有成就感。譬如運用出色的溝通能力與談判能力，你簽下了一個大的銷售訂單，你肯定會興奮不已。

發現了自己的優勢能力，還要善於運用，否則優勢就是白白浪費，毫無價值。就像一顆鑽石，如果沉在海底，就無異於破銅爛鐵，只有把它打撈出來，投入使用，才能體現它的價值。每個人最大的成長空間在於其最強的優勢領域，應該多花點時間把自己的優勢發揮到極致，而不是花很多時間去彌補劣勢。

很多人在找工作時，總是放大自己的劣勢，看不到自己的優勢。其實從統計學的角度說，十全十美或一無是處的人都很少，大部分人都是只有一方面比較突出。因此，你在找工作時要儘量突出自己的優勢。譬如你的學習成績不太好，參加社會活動比較多，無論是製作簡歷，還是面試的時候，你都要儘量從社會活動中挖掘自己的優勢。人無需總是擔心自己的劣勢，關鍵是要突出自己的優勢。

★正之解

最優秀的射手是最善於捕捉先機的人，他們總是在正確的時間出現在正確的位置上。好射手是會站位的人，是有好眼力的人，他們的力量就在於恰到好處地給對手致命一擊。同樣的，在正確的時間抵達正確的位置，也是所有職場人士永遠要面對的挑戰。這也是那些優秀員工往往可以勝任多種工作的原因，因為他們都善於在正確的時間和地點做正確的事情。

詭道：低級的老虎，趕不上高超的兔子

案例故事

李晶從一所國立大學研究所畢業後進入一家公司上班，與她同時進來的張玉學歷沒她高，學校也沒她好，為此她很有優越感。

當主管分配她做最基礎的統計工作時，她覺得自己被大材小用了。一次，在進行月末統計結算時，她把一筆投資存款的利息重複計算了兩次，雖然最終沒有給公司造成實際損失，但整個公司的財務計畫卻被打亂了。

事後，她卻覺得就像做錯了一道數學題，改正過來，下次注意就是了。

她的這種工作態度讓人很不放心，以後再有什麼重要的工作時，主管總找藉口把她「晾」在一邊，不再讓她參與了，而讓辦事比較認真仔細的張玉去做。沒過多久，這位名牌大學畢業的高材生就與自己的第一份工作拜拜了。而同她一起進公司的張玉卻步步高升，最終坐上了財務主管的位置。

為什麼名牌大學的高材生李晶反而不如學歷低的張玉的職場路走得順呢？在職場上，有個耀眼的光環，比如名牌學校畢業，的確可以讓人高看一眼，但是，在實際的工作中，比拚的還是工作態度與工作能力。這也就是說，老虎雖然嚇人，但是低級的老虎絕對拚不過高超的兔子。

在職場上，做好本職工作是最起碼的要求，無論你的學歷多麼漂亮，也不論你的過去多麼輝煌，如果你連分內的工作都幹不好，眼高手低，最終難逃被淘汰的厄運。在公司裡，你必須清楚地知道自己的職位是什麼？職位職責包括哪些內容？你不僅要明白自己的職責所在，同時還要避免產生越權處事的行為，並根據自身的情況，及時彌補自已在工作中的「短」，這樣才能在職位的晉升上少走彎路。

詭道1：高處不勝寒，位置高不一定都好

能被稱為「老虎」的職場人士，絕對不會是那些默默無聞的員工，他們至少在職位上比其他員工要高一些。通常情況下，人們總是以為爬得越高就代表越好，可是環顧四周，我們看到，這種盲目往上爬的犧牲者比比皆是。世界上無論做什麼事情都要一步一個腳印，太過強求並不是最佳選擇，因為有些事情是急不得的。如果不擇手段地爬上了某個高位，卻引起了眾怒，那麼這樣的高位只能讓你爬得越高摔得越重。有句話說得好——高處不勝寒，所以在職場晉升路上，循序漸進非常重要。

李延是個軟體天才，任何軟體方面的技術問題都難不倒他。在公司裡，他的工作能力受到同事、主管的一致肯定。沒有多久，他就被提拔為開發組組長。擔任組長以後，李延的興趣還是在軟體的開發上，他興致勃勃地幫助那些新人設計方案，甚至直接幫他們完成整個開發流程，讓他們坐在那裡乾瞪眼；另外一些有開發能力的同事在完成手頭工作後，坐在那裡等待李延的任務安排，卻遲遲不見李延有什麼表示。

由於李延非常「敬業」，事必躬親，導致很多開發任務不能及時完成，主管對此十分生氣。李延的下屬同樣不高興，新手的工作

都被他一個人幹了，既學不到東西，又缺乏完成任務的成就感；老手的工作得不到合理的安排，想表現都沒有機會。整個開發組，只有李延一天忙到晚，其他的人閒來無事，只好打遊戲。李延一天工作10幾個小時，每天都加班加點，身心疲憊，可沒一個人說他好——同事不滿意，老闆不滿意，就連老婆都要跟他離婚。雖然他開發出了一些軟體，可是整個部門的工作卻亂得一團糟，搞得是怨聲載道。最後，李延只好主動辭職，換到另一家公司。

美國管理學家彼得．聖吉透過對幾百個組織的失敗實例的分析，歸納出一條彼得原理：「在一個等級制度中，每個職工趨向於上升到他所不能勝任的位置。」彼得指出，每一個職工由於在原有職位上工作成績表現好（勝任），就將被提升到更高一級職位；其後，如果繼續勝任則將進一步被提升，直至到達他所不能勝任的職位。由此導出的彼得推論是：「每一個職位最終都將被一個不能勝任其工作的人員所占據。層級組織的工作任務多半是由尚未達到勝任該階層的員工完成的。」

在現代企業的層級管理制度下，大都採取從下到上的方式，補充由於晉升、辭職、退休、解僱和死亡帶來的職位空缺。人們一直把層級組織中的晉升看做是「攀登成功之梯」或「爬上權力之梯」。梯子和層級組織確實有一些共同的特點——都是讓人向上爬的，而且爬得越高，危險越大。

對任何一個企業而言，如果企業中有相當一部分人員被提升到了其不能勝任的級別，就會造成整個企業的人浮於事、效率低下，導致平庸者出人頭地，而企業發展停滯。因此，這就要求改變單純的「根據貢獻決定晉升」的企業員工晉升機制，不能因某個人在某一個職位級別上幹得很出色，就推斷此人一定能夠勝任更高一級的職務。要建立科學、合理的人員選聘機制，客觀評價每一位員工的能力和水平，將員工安排到其可以勝任的職位。不要把職位晉升當成對員工的主要獎勵方式，應建立更有效的獎勵機制，更多地以加薪、休假等方式作為獎勵手段。有時將一名員工晉升到一個其無法很好發揮才能的職位，不僅不是對該員工的獎勵，反而使其無法很好發揮才能，也給企業帶來損失。

對個人而言，雖然我們每個人都期待著不斷升職，但不要過於急功近利，「心急吃不了熱豆腐」。如果你能力還不夠，與其在一個無法完全勝任的職位勉強支撐、無所適從，還不如找一個自己能遊刃有餘的職位上好好累積實力。

詭道2：作為「兔子」，要為自己定好位置

初入職場的新人，對自己的工作職責不太明確，角色定位也很模糊。一方面渴望盡快熟悉自己的工作，另一方面又覺得茫然無措、無從下手。這時候，作為職場「兔子」，首先要對企業、對自身有個清晰的認識，明白自己能做什麼，還要學什麼，從哪兒去學。有問題要多向「老虎」請教，要想辦法跟同「老虎」們搞好關係。初入職場的你急需要做的工作，就是盡快地從各個渠道來獲取與工作相關的知識，盡快熟悉業務，而不能等著老闆來催促自己。

一個人的社會角色是隨著生活空間的變換而變換的，若心態調整不及時，行為不能重新校正，就無法適應新環境，還會左右碰壁，別人也會對你產生諸多誤解和非議，你難免會成為一個與新環境格格不入的「尷尬兔子」。我們應當明白，「兔子」是能動的，而環境是不以「兔子」的意志為轉移的。「兔子」應當主動適應新環境，而沒有理由要求新環境去遷就「兔子」。所以，進行角色轉換應是一種自覺行為，尤其要在「有效」二字上下些工夫，實現角色適時適當地成功轉換，將自己及時變成新環境中的新成員。面對新環境、新朋友，要正確認識自己、評估自己。確定好要以什麼面

孔、怎樣的交際基調進入新的交際領域，如何訂好自己的位置，這些都是需要你花費時間精力去做的很重要的事情。

趙丹和宋明都是某國立大學的畢業生，後來都順利地考上了本校的研究生，並被聘為助教老師。但是趙丹覺得自己應該出去闖一番，於是他又報考了母校的MBA，想成為一名職業經理人。經過一段時間的學習，他很輕鬆地拿到了MBA證書。接下來，趙丹便從學校辭職，到人才市場上去尋找工作。然而，令他失望的是，儘管他不辭辛勞地輾轉於各大城市尋求工作機會，但幾個月過去了，他還是揣著MBA證書顧影自憐。相反，宋明卻在學校幹得很出色，並順利地當上了講師。為什麼趙丹有這麼好的教育背景，這麼高的學歷，卻沒人肯給他機會？

趙丹之所以到處碰壁，走進了一條死胡同，就是因為他在選擇做什麼樣的職業經理人方面沒有搞清定位和方向。雖然趙丹的學歷很高，可是他缺乏實際工作經驗，又不願意從基層員工做起，總是瞄準中高層管理人員。試想，有哪個企業敢盲目地花高薪聘請一個沒有實際工作經驗的管理員工呢？

人不能往死胡同裡走，認清自己，此路不通就走彼路。看好前面的路，適合自己，就趕快走；不適合自己，也要趕緊走。不是繼續往下走，而是及時地調整方向，迅速地找準目標，盡快地融入其中。即使我們成不了職場「老虎」，一定也要做個高超的「兔子」。在職場上，那些高超的「兔子」遠比那些低級的「老虎」更受歡迎。

詭道3：條件發生變化，你也得隨之改變

定位和站位固然重要，但是世間萬物，彼此相互依存，一旦條件發生變化，若你依然固執己見的話，只能離成功越來越遠。

很小的時候，我們就從書本或他人口中得知：風一吹過，河水就會有所損耗；太陽一照射，河水又會減少。反轉來想，風和太陽一起不停地吹晒河水，而河水卻絲毫沒有減少，這是為什麼呢？其實答案很簡單：唯有源頭活水來！

所以，天地之間，萬事萬物要想平安相存與共，必須要具備一定的條件。離開了水和空氣，萬物就難以生存。水流要靠土地、山丘四周圍繞，才能匯集在一起，成為江河，成為湖泊，匯成大海。影子要依附於一件實物，也還要有光線才能存在。實物不存，陽光不照，也就沒有影子。這就是自然界中事物彼此相依相存的道理。而且自然界的這些規律也同樣適用於人類，一個人的生存、發展，也必須依賴於特定的條件。條件改變了，消失了，個人也必須改變自己生活的方式，尋找新的生存條件。如果條件變了，過去生存發展的條件不復存在，個人仍固步自封，那危險就要來臨。

職場中的一切每時每刻都在發生著變化，我們很難預料明天會發生些什麼。我們剛到一個公司工作，可能勝任一項工作，於是便高枕無憂，滿足現狀，不思進取。可是沒過多久，上司也許就會提醒你，要學會一樣新本事，如果你無法適應新的要求，很可能要被淘汰，因為老闆可以找到比你更適合那個職位的人。也許你原來的工作新來的員工也能做，而且他還比你多出幾樣本事來，老闆付給你們的薪水是差不多的，這樣，新人就比你更有優勢。

一個企業的經營也如世間任何事物一樣，都在時刻發生著改變，它對人才的需求也會發生難以預料的變化。現代企業的裁員、換人是常有的事，這也是現代社會打工一族越來越感到缺乏安全感的原因。比如一家公司本來經營某種項目，需要某種人才，但隨著市場的改變，公司的發展戰略有變，要經營一種更賺錢的新項目，如果你只精通原來的項目，而不懂新的項目，自然成了新時期下的無用之人，當然就在被淘汰之列。這不是你的錯，也不是老闆的錯，而是現實的需要。任何人都要服從市場。

所以永遠不要以為自己的職位是牢固的，無論你暫時看起來多麼春風得意。別說是初入職場的人，就連世界首富比爾・蓋茲都時刻懷著危機感，他經常說的一句話就是——「微軟離破產永遠只有18個月的時間」。只有居安思危，時刻警惕，未雨綢繆，才能使自己更好地適應不斷變化的社會，才能永遠走在時代的前列而不被淘汰。

詭道4：見縫插針，提升自己的職位和待遇

要想在職場平步青雲有一條直達車，但這條捷徑卻不由你作主。不過，對於我們這種不姓「洛克菲勒」或「蓋茲」的人來說，最有效的方法，便是讓自己變得無可取代。而想要讓自己無可取代，不是僅靠吃苦耐勞，把睡袋放在公司裡就可以實現的。你必須花更多腦筋，而不是花更多時間。

你可以利用以下策略在職場上提升自己的職位和待遇：

第一，在目前的工作領域裡，你有沒有能力勝任更高一層的工作？雖然，有時候你難免會遇到挫折，但還是要把握每一個機會，讓別人知道，你有意願和能力做更多貢獻。

第二，當問題發生，你是否無須把問題交給上司或者其他同事而可以自己解決？如果你能降低上司的工作量，他會很感激你的。

第三，你有沒有尋找及把握升遷的機會？你應該知道，機會是很少主動上門的。

第四，你願不願意做別人不願做的事，並在做的過程中汲取新技能？技能是職場的關鍵。你能勝任的工作越多，你的身價也就越高。不過，你必須為自己創造機會。

第五，你能不能為公司創造賺錢的新管道？超級業務員往往比他們的上司能賺更多錢。創造新產品、為現有產品注入新生命和開發新客戶等，都能為你在職場裡帶來更多的金錢和影響力。

有人在升遷的過程中超越你，並不意味你將永遠原地踏步，這顯示你必須讓自己和他們一樣受到重視和重用。千萬不要以為，當一個少說話、少表現的「隱形人」，就能在職場中更上一層樓。

在現在的工作領域裡，你有沒有進一步的上升空間？如果有，再考慮一下假如你得到某個層次更高的新職位的話，你是否能勝任呢？如果回答都是肯定的，那麼把握好一切機會，讓你的老闆知道，你有意願和能力做出更多貢獻。

詭道5：起點高，才能獲得競爭優勢

有一種人被稱為「陷入固定模式者」，就是每天被一成不變的工作追趕著，馬不停蹄，對自己的工作和生活方式習以為常，並且慢慢地被這種僵化的生活吞噬掉。而且，人以類聚，物以群居，如果永遠處在底層，與一些小人物為伍，很難學習到什麼東西，而位居高位，則能給自己一個更高的理想。

小陳大專畢業後，找了一份銷售助聽器的工作。一開始，小陳就對這份工作感到不滿足，不過他還是堅持做了兩年時間。後來，他下定決心，一定要改變自己的現狀。為了擺脫現狀，他暗下決心，一定要成為一名銷售經理。後來在他的不懈努力下，目標終於實現了。

難得的是，這次成功使他獲得了比其他銷售人員高出一頭，脫穎而出的機會。雖然只升了一級，但對他來說，這一級非常關鍵。小陳優異的銷售業績，引起了他所在公司的競爭對手，另一家經營助聽器的公司經理老韓的注意。一天，老韓請小陳吃飯，並說服了小陳跟自己幹，因為他可以給小陳一個更高的職位。

為了考驗小陳有多少實力，韓經理讓他到新開的分公司負責市場開拓工作。對於小陳而言，一切又歸回到「零」的狀態，需要自己一個人重新開始，挑戰一份新的工作。他非常努力，表現卓越。沒過多久，小陳被擢升為這家公司的副總經理。

若是普通人，要達到那麼高的職位，即便是付出了所有努力，恐怕最少也要花幾年時間。而小陳達到這個目標只花了半年時間！

從這個例子中，我們不難看出，在職場中，如果能站到更高的起點上，會使你在競爭中處於更有利的位置，獲得他人難以獲得的機會，會上升得更快。然而現實中，很多人還是難以逃離從底層一步步攀升的宿命。要想在競爭中搶占先機，占據更有利「地形」，你需要有抬高自己身價的意識。這樣才能在競爭對手中脫穎而出。

要想從「蟲」轉為「龍」，最基本的方法是努力工作、增強實力，讓自己站在比較高的平臺上，然後藉機跳槽。讓自己在新公司擁有一個比較高的起點，這樣才能獲得競爭優勢。

★詭之辯

在現實生活中，一些年輕人只關注有光環的大事情、能夠出人頭地的大事業，而將本職工作中的許多具體事情歸類為不值得做的小事情，然而，正是這些小事情才是通往大事業的必經之路。

所以，年輕人千萬不要一直拿自己的學歷、出身說事。心理學家告訴我們，自視越高的人，認為不值得做的事情就越多，成為懷才不遇者的可能性越大，成功的機率也就相應越小。

細節和小事往往能反映出一個人的專業水準和綜合素質。當天平處於平衡狀態時，在一端加入再小的砝碼也會使之傾斜。當你與別人的實力不相伯仲時，在小事上下工夫就成了決定成敗的關鍵。

所以，從點滴做起，用一個個微小的成績鑄就自己工作與事業的輝煌，不要成為徒有光環卻沒有實際能力的人。

小結

只有明確的職場定位，才能使自己在職業生涯的發展過程中少走彎路，當今社會人才競爭激烈，機會轉瞬即逝。有了清晰的定位之後，你才能根據自己的目標，抓住發展中的每一個機會，接受市場選擇，不斷提高競爭力，從而在職場發展中如魚得水，越游越順。定位之後，還要準確站位，才能發揮專長，提升自我。

經濟學家的測算成果表明，幾乎在所有領域，20%的人分享著80%的利益，而在個別領域，5%的人甚至占有著95%的利益。而這些在本領域占有絕對優勢的人們無不是搶占了有利的位置。我們必須培養搶占有利位置的競爭意識，在自己的工作領域中表現出一種競賽精神，為了成為前三名而不遺餘力。

當然，如果你是個職場新手，或者沒有值得別人仰視的光環，也不必悲觀失望，要記住，如果你弱小，就要不斷努力，使自己變得強大。即使你是職場「兔子」，那又有什麼關係呢，那些所謂的職場「老虎」們，可能空有皮囊，只要你願意，你完全可以跑得比他們更快。

第8章　出頭與藏頭

在當今重視個人價值的年代，敢於並善於在他人面前表現自己，非常重要。我們所說的表現不僅僅指能說會道，更重要的是要能幹實事，遇到機會時要勇挑重擔，為主管排憂解難。但是，凡事都有個「度」，如果自我表現過了頭、離了譜，結果可能會走到願望的反面。如何把握表現自我的「度」，因時因地因人而異。這不僅需要技巧，更需要智慧。

擁有一副好口才，可以使你在職場上如虎添翼；但是有了好口才，也不能什麼場合都去展示。有時候，我們要學會放低姿態，多聽聽別人的意見。即使你覺得自己的想法非常好，不吐不快，在說話之前也要再仔細想一下。不要總以為自己是最棒的，山外有山，人外有人，我們應該多聽聽別人的意見。

正道：該低調時絕不抬頭，該出聲時絕不低頭

案例故事

某企業新招了三個大學生，他們從同一所學校畢業，擁有相同的學歷背景，但性格卻截然不同。

第一位員工性格十分外向，開會時總是積極發言，對每一個問題都會發表自己的意見，在同事面前也很喜歡表現自己，工作過程中更是積極地「早請示，晚報告」。他不但充滿工作熱情，而且熱情得似乎有些過度，這讓一些老員工覺得很不舒服。

第二位員工性格比較內向，不愛說笑，開會的時候總是默默坐在旁邊，偶爾被問及意見時，也是隨口附和別人的說法。工作的時候很少主動報告進展情況，就連書面總結也只有三言兩語。

第三位員工是一個十分精明的人，他覺得要想得到別人的認可，就要把自己的才華展示出來，特別是要讓主管知道自己有能力出色地完成任務。開會的時候，對於自己比較瞭解的問題，他會積極地發表意見，但對於一些沒有把握的事情，他就會閉口不談。而且，他與主管、同事相處也得不錯，遇到一些不懂的工作問題，總是很謙虛地向別人請教。

半年之後，第一位員工由於太過張揚，被主管踢出了局；第二位員工業績平平，仍然停留在原來的位置上；而第三位員工得到了提升。老闆認為，第一位員工太過張揚，太自我，不適合團隊工作；第二位員工能夠專注於工作，但是工作沒什麼熱情，也沒什麼成績，工作能力有待提高；而第三位員工為人處事拿捏得非常好，該表現的時候表現，該收斂的時候收斂，而且工作非常踏實，能力也很強，能夠在公司裡獨當一面，因而獲得了提升。

千里馬如果能遇到伯樂是十分幸運的。但「千里馬常有，而伯樂不常有」，這告訴我們，在職場上一定要善於表現自己，有了能力還不夠，還得善於表現出來，這樣才能得到別人的賞識和肯定。找機會適當地表現自己的能力，不是驕傲自大，也不是譁眾取寵，而是一種邁向成功的必要技能。

如果你很有能力，可是卻不表現出來，或者沒有機會表現，又如何能體現出自己的價值呢？我們不僅要勇於表現自己，還要善於表現自己。如果你表現得太搶眼，太喜歡出風頭，也往往容易成為同事排斥、怨恨的目標，也會給上司有如芒刺在背的不安感。這樣一來，勢必會影響你在公司裡的發展。因此，在職場上打拚的人一定要記住：該出聲的時候絕不低頭，該低調的時候絕不抬頭。

正道1：你的心聲要讓老闆知道

人與人之間需要及時的溝通，其重要程度往往超出你的想像。對於所在的公司，所做的工作，你可能會有各種各樣的意見和建議。你不應該只是發牢騷或者想想而已，這些意見和建議需要讓老闆知道。多和老闆分析你的想法，會使你工作得更開心。只是，你需要注意，跟老闆的交流溝通同樣需要技巧。

如果你是一個不善於表達自己想法的人，那麼從今天起就一定要盡心盡力地學習掌握這種能力，因為這是你獲取老闆信賴必不可少的條件之一。在與老闆相處時，如果你能恰到好處地表達自己的想法，那麼老闆在瞭解你內心想法的同時，還會欣賞你並信賴你。

小張參加工作的時間不長，辦事能力還有些欠缺，因而總是受到部門經理的斥責。為了緩和這種不協調的上下級關係，小張決定週末的時候，邀請經理與自己共進晚餐。

美酒佳餚下肚以後，小張開始掏出肺腑之言：「經理，我現在的工作能力和工作經驗都非常欠缺，您也經常批評我，這常常使我處於羞愧與尷尬之中。有時候，我甚至對您有所怨恨。可是後來冷靜一想，您對我的那些批評，也不是沒有道理，正是這些批評讓我看到了自己身上的缺點和不足。我們相處了這麼長時間，您讓我進步了很多。所以我覺得，我不僅不應該怨恨您，還應當感謝與您相處而帶來的種種好處呢。」

這番看似自我檢討的話，實際上是對上司的巧妙提醒。透過這次溝通，經理也意識到自己對小張確實有點過分，而且自己的脾氣也不太好。此後，小張與經理之間的關係不僅得到緩和，而且兩人還成為了好朋友。

和老闆分享你的想法是需要技巧的。你需要充分考慮談話的內容和表述的方式，只有這樣，與老闆的溝通才是有效的，才能達到你想要的結果。這不僅關係到你與老闆的相處是否和諧，更重要的是，它會關係到你是否能得到提拔，是否會被委以重任，是否能得到更好的發展際遇。

老闆要辦的事很多，但人的精力總是有限的。而且，智者千慮，必有一失，如果員工提出的建議，能讓工作進展得更好，他心裡當然會感激員工。

正道2：表現的機會，需要你去爭取

上帝對每一個人都是公平的，機會也一樣。在職場打拚，只有勇敢果斷地抓住每一次展現自己的機會，才能得到別人的認可和賞識。然而，機會是不會自己找上門的，它需要你主動去爭取。

孫經理一直從事營銷工作，有一次他去聽某管理專家的演講。在演講過程中，專家忽然提問：「在座的有多少人喜歡經濟學？」會場一片沉寂，沒有一個人響應。這讓專家很意外，因為去聽講座的大都是從事經濟管理或企業管理工作的，到這裡來的目的就是「充電」。可由於種種原因，大家都選擇了沉默。

專家搖頭苦笑一下，說：「先暫停一下，我給大家講個故事。」

「我剛到美國讀書的時候，大學裡經常舉辦講座，每次都是請華爾街或跨國公司的高級管理人員來給同學們講課。每次開講前，我都發現一個有趣的現象——我周圍的同學總是拿一張硬紙，中間對折下，讓它可以直立，再用顏色很鮮艷的筆，用很粗的字體寫上自己的名字，然後放在自己的桌子上。於是，每當演講者需要聽講者回答問題時，他就可以直接看著硬紙上的名字叫人。我開始對此不解，便問旁邊的同學。他笑著解釋說，演講的人都是一流的人物，和他們交流就意味著機會。當你的回答令他滿意或吃驚時，他就很有可能向你提供比別人多的機會。這是一個非常簡單的道理，事實也正如此，我確實看到我周圍的幾個同學，因為高超的見解，最終得以到一流的公司供職......」

專家講完故事之後，孫經理和其他人都覺得不好意思，紛紛舉手回答專家剛才的問題。

我們要知道，在人才輩出、競爭日趨激烈的今天，機會是非常難得的。機會不會自動找到你。只有自己敢於展示自己，讓別人認識你，吸引對方的眼球，才有可能得到機會。所以，該抬頭的時候絕對不要低頭。

那些埋怨機會為何不降臨到自己頭上的人，總覺得自己懷才不遇，因而牢騷滿腹。其實，你並不是沒有機會，而是沒有很好地識別機會、抓住機會、利用機會而已。

正道3：平時多努力，機會才能抓得住

沒有人永遠是失敗者，機會要靠自己去爭取。所以，每個人都應該爭取表現自己的機會。但是，機會總是垂青有準備的人，如果沒有做好準備，那麼即使機會降臨到你的頭上，也難以抓住。

對於職場人來說，公司會議是個很好的表現機會，比如方案研討會、經營分析會、工作總結會等。誰能充分地利用這些舞臺適時地來表現自己，誰就能比別人走的更遠。

邵陽自進入公司的第一天開始，就一直默默地幹著分內的和分外的工作。

早上，別人還沒到，邵陽就已經在開始打掃起辦公室，然後，在同事們的辦公桌上，各放上一杯沏好的茶或咖啡，而辦公室裡的

那幾個同事竟然也漸漸消受起了這樣的生活，很多需要跑腿的活兒都扔給了邵陽。

晚上，當其他人飛快地奔向電梯回家的時候，邵陽卻不言不語地開始收拾一天下來凌亂的辦公室，然後再坐下來加一會兒班，完成當天的工作或為明天的工作做準備。

這樣的工作是辛苦而忙碌的，但邵陽並沒有因此向別人抱怨，或者向主管告狀。她知道，自己作為新人，必須特別努力。不過，這並不代表邵陽就甘願這樣沉默下去，她一直都在尋找能夠表現自己的機會。

一天，公司召開一個業務會議，老闆在會上提到了一個關鍵數據，但現場所有人都一頭霧水，沒有人知道這個確切的數據。就在這時，邵陽不慌不忙地發言了，她不僅將數據闡述得準確清晰，更加進了自己的一些獨到看法。結果，邵陽贏得了所有與會者的欽佩，更贏得了老闆讚許的目光。

事實上，這是邵陽辛苦了一個晚上的成果，早在上次開會的時候，她就聽到老闆提到了相關的問題，她因而知道這個數據對公司非常重要，而很多人又搞不太清楚。所以，她為自己找到了一個絕佳的表現機會，她完全憑藉的是自己的實力和努力。

就是這樣一個機會，讓邵陽從眾多的新人中脫穎而出，成了老闆眼中的紅人，邵陽比以前更忙了。不過，以前她忙的都是一些瑣事小事，而現在她成了本部門的梁柱，老闆將很多重要任務交給她去做。沒過多久，老闆就提拔邵陽做了部門主管，主持全面工作。

為了很好地表現自己，你一定要做好充分的準備。平時多留心多努力，在會上發言的時候，要對自己所提出的觀點提供充足的材料和依據，這樣你在發言過程中，就能夠提綱挈領，言簡意賅。你還需要事先設想可能會出現的質疑和反對意見，並能夠想出對策，同時表現出你的機智和縝密，從而給大家留下深刻的印象。

參加會議就像是讓你站在打了聚燈光的舞臺上，能夠很好地展示自己各方面的能力，所以不要放棄這樣的好機會。不管參加什麼樣的會議，都不要坐在角落裡沉默不言，而要適時地、積極大膽地說出你的看法。

★正之解

對於每一個身在職場的人來說，積極表現無可厚非，誰都想給上司留下好印象。不過，也別忘了四個字——過猶不及。如果你太出風頭，太過張揚，就會引起其他同事的不滿，在適當的時候他們可能會聯合起來攻擊你。另外，上司也不喜歡你的風頭蓋過他，如果讓人覺得你比上司還高明，上司的心裡能好受嗎？

所以，在你該低頭的時候絕對不要自以為是的抬頭。但是，讓你適時隱忍，並不是讓你什麼時候都不出聲。該你出聲的時候，一定要及時出聲，並且要出得響亮。面對別人的指責，不能只是沉默寡言；面對一個好的表現機會，要勇於表現。只是在表現的時候要拿捏好分寸，如果能得到同事的支持，老闆的欣賞，再多的表現都不為過。

詭道：會哭的孩子有奶吃

案例故事

趙敏進公司三年了，老闆常掛在嘴邊的話是：不管什麼事，只要交給趙敏，我就放心了。

開始的時候，趙敏很高興，覺得老闆很器重自己。但時間一天天過去，老闆交給她的任務越來越多：「趙敏，這個方案你盯一下」、「趙敏，這個客戶只有你能對付」、「趙敏，上個月的那個專案人手不夠，你頂一下」，等等。當老闆需要有人為某事「救急」時，他必然會打開房門大叫「趙敏」。

趙敏手裡的事情，多到了加班加點也做不完的程度，可周圍很多同事卻閒得兩眼發呆——薪水卻並不比她少多少，而且有的人還升職了。趙敏心裡有說不出的滋味。

「你想想，如果你升職了，他上哪兒找這麼任勞任怨的『萬能膠』？」師兄提醒她說。

趙敏很氣惱，回家跟老公抱怨。老公居然說：「如果我是你們老闆，我也不會升你的職，一個不懂拒絕的人，怎麼去管理別人？你這麼任勞任怨，沒有給你升職加薪你不是也做得很賣力嗎？」

趙敏仔細想想，感覺的確是自己的問題。

後來，當老闆再給她增加工作任務時，趙敏鼓足勇氣說：「我手裡有三個大項目，十個小項目，我擔心時間安排不過來。」

老闆有點失望，他神情黯然地說：「可是，這個項目只有你去做我才放心。」

一個大膽的念頭突然從腦中冒了出來，而且從嘴裡說了出來：「我可以趕一趕，不過，要按期、保質完成，我需要幾個幫手。」

老總驚訝地看著她，終於笑著說：「我考慮一下。」

趙敏清楚，如果老總給自己派助手，就等於給自己變相升職——他不會輕易答應，但如果他不答應這個條件，也就不好把新任務硬塞給自己。

有句老話「會哭的孩子有奶吃」，職場上也同樣如此，如果你總是不吭聲，逆來順受，到最後，所有的工作都壓都你的頭上，而所有的好處都與你無關。長此以往，無論是同事還是老闆，都會形成一種習慣，你就是一頭不說話的「老黃牛」——讓你拚命跑，卻不給你多吃草。

詭道1：表現自己要把握好分寸

好員工要有「孔雀精神」，有「孔雀精神」的員工都有很好的分寸感，不會不分場合地一味表現自己。孔雀並不是時刻不停地開屏，牠們只在吸引雌性的時候才展示自己光華燦爛的羽毛，平常的時候，牠們並不張揚，安靜自處。

明智的職場人士不會在同事面前鋒芒畢露，處處顯得高人一等，也不會過分誇大自己的成績，為自己樹敵；但是在老闆面前，他們則會適時地顯示出自己別出心裁的想法和高效的工作能力，成為老闆心目中能夠解決問題的好員工。

那麼，怎樣去把握表現與不表現的「度」呢？

1.對自己不在行的事情，不要譁眾取寵

一位行政部的員工，口才不錯，工作能力也比較強，在年終總結會做工作總結快結束時，說起了自己對銷售工作的見解，並提出了希望。這下子砸了鍋，他的本意可能是想藉此機會表現自己的才華，可銷售部門的人不買他的帳，因為行政部門與銷售部門是平級，行政部不應該對銷售部指手畫腳；何況論銷售水平，他肯定不如銷售部門的員工。所以，就有人認為他是譁眾取寵，對他的做法產生了反感。

2.要明白自己的地位，不要搶「鏡頭」

小陳大學畢業後考上公務員分配地方機關工作，文字水準較高，腦袋也很靈活，頗得主管賞識。主管出差經常點名讓小陳陪同；到下面檢查工作，主管也常常讓小陳發表一下自己的看法。小陳很樂意這樣做，很快理出個一二三來，講的頭頭是道。漸漸地，小陳就忘了自己是誰了，再跟主管下去檢查工作，主管還沒表示對某件事情的看法，他就先發表一番議論，讓下邊的人搞不清楚到底誰是上級。小陳本意是讓主管和下邊的人知道他觀察問題、分析問題、解決問題的能力，但因為沒有擺正自己的位置，搶了主管的「鏡頭」，有時候甚至讓主管下不來臺，因而失去了主管對他的信任，後來主管出差時再有也不帶他了。

3.無論能力有多強，都不要貶低別人

楊鈞從部隊退伍轉業考上公務員後，進到一家地方機關工作，雖然只是當了個科長，但在同齡人中仍算是佼佼者。他一貫有點瞧不起人，開會討論工作時，很少贊同別人的意見，有時候甚至把別人的意見貶得一無是處，久而久之給自己樹立了太多的對立面，各項工作都無法順利展開，主管礙於面子也不好說他什麼，於是他逐漸被孤立了起來。你可以在主管與同事面前表現你的才華，但不應該貶低別人，貶低別人的結果只能是把自己孤立起來。一個人能力再大，如果失去了群眾基礎，也無法展開工作。

4.可以發表見解，但是要合時宜

小劉在公益基金會工作，曾經在系統內的一次演講賽中獲得一等獎。他自認為演講水平不低，不肯放過任何一次表現自己才能的機會。一次，單位舉辦了一次座談會，與會同仁暢談近年來公益事業取得的重大成就。輪到他發言時，他卻反其道而行之，列舉了工作中的種種不足。正當他拿出演講的姿態，準備淋漓盡致地發揮一番時，有人拉了他的衣襟一把，看到主管與同事臉上的表情，他才知道自己的「宏論」很不合時宜。

表現自己很有必要，但是你也要懂得「過猶不及」的道理。表現自己時要注意張弛有度，注意觀察其他人的反應。掌握了表現自己的技巧和方法，才能夠讓你的表現變得自然而完美。

詭道2：適當沉默才是「金」

人們常說：沉默是金，雄辯是銀。一句簡簡單單的話卻道出了人際交往中的一條重要原則。身在職場，我們要敢於並善於表現自己，這不僅體現在做事上，也體現在說話上。

由於每個人的性情不同，有的人喜歡誇誇其談，有的人則是沉默寡言。在你對同事或上司侃侃而談的時候，你有沒有想過，你的過於「健談」是否已經引起了其他人的不滿呢？而當你的同事再三徵求你的意見的時候，如果你總是以微笑或沉默作答，你是否給別人留下不合作甚至是無知的印象呢？

其實，這兩種情況都有些極端。在職場上，適當的沉默才是你處理與同事關係的智慧寶石，巧妙地運用它，將會得到意想不到的收穫。

不要以為面面俱到、什麼都懂的員工，就是好員工，有時候嘮叨和囉嗦會使周圍的人把握不住你說話的要點，他們會認為你對要做的事情沒有清晰的概念，從而在實際操作中抓不住重點，而是選擇了在細枝末節上下工夫。也許你是一名心細如髮的員工，但是過於細緻地對同事叮嚀反而會引起他們的反感，他們會認為你對他們沒有信心，對他們的決斷思考能力還有懷疑。年輕的同事還會覺得你婆婆媽媽，不夠爽快俐落。年老的同事會認為你不尊重他們，否定了他們的辦事能力。久而久之，你便會成為們厭煩的對象與不願接近的人。

假如是因為工作上的事情，需要向同事交待清楚，那麼言簡意賅地表達出你的意思就可以了，不要把別人想得過於「弱智」，需要你的「悉心指導」。每個人都有自己的想法或見解，也許你只是想苦口婆心地解釋一番，並無他意，但是你的囉嗦可能會讓他們感到很不耐煩。

當你的同事發生爭執時，爭執雙方為了尋求一個說法，也許會將你拉入其中，讓你做個公斷。在沒有經過深思熟慮之前，你絕不可以表明自己的立場；即便你已經知道了誰對誰錯，在雙方還面紅耳赤爭執，誰都不願意讓步時，你的公斷也不會達到預期的效果，只可能會使一方的自尊心受挫，認為你是有意偏袒另一方。此時適當的沉默才是你最好的選擇。

搬弄是非的人似乎在哪裡都能找到生存環境。當你的公司裡也存在著一小撮喜歡打「小報告」的人時，對待他們，最好的辦法就是保持沉默。沉默並不是對搬弄是非者的縱容，而是在一定程度上制止了是非的蔓延。試想，如果你對那些小道消息表示出了興趣，他們一定會更加肆無忌憚，必定會鬧得滿城風雨，良好的人際關係會被攪得一塌糊塗。而若是選擇了沉默，他們必定會索然無味地從你身邊走開，是非也就失去了傳播的源頭。

適當沉默是處理人際關係的無聲「武器」，它會讓你在與同事和上司的溝通中暢通無阻，你也會因此獲得他們更多的賞識和尊重。

詭道3：不要怕推銷自己，只要你有才華

卡內基曾說：「生活就是一連串的推銷，我們推銷商品，推銷一項計劃，我們也推銷自己，推銷自己是一種才華，一種藝術。當你學會推銷自己，你幾乎就可以推銷任何有價值的東西。」從某種意義上講，在職場奮鬥的過程，其實就是一個一步步展示自己、不斷推銷自己的過程。

何兵大學畢業之後，開始四處尋找工作。一天上午他接到一個電話，告訴他下午2點過去面試。何兵趕到面試地點後，卻沮喪地發現前面已有25個求職者了，他排在第26位。可見，這份工作是

多麼炙手可熱。何兵心想：「如果我就這麼等下去，說不定輪到我的時候，老闆早已經確定人選了。」於是，他急中生智，拿出一張紙，在上面寫了些字，恭敬地對祕書小姐說：「不好意思，麻煩你馬上把這張紙條交給你的老闆，這非常重要。」

祕書小姐把紙條交給老闆，老闆一看，笑了，只見紙條上寫著：「考官大人，我排在隊伍的第26位，在您看到我之前，請不要作決定。」就是因為這句話，老闆對何兵的印象非常深刻，覺得他是一個很會推銷自己的人，再加之招聘的職位就是銷售員，最終，何兵被這家公司高薪聘用。

這個故事告訴我們，要想獲得成功，就必須善於自我推銷。在我們的周圍，有些人才華橫溢，但是找不到理想的工作；有些人工作勤勤懇懇，頗有成效，但得不到上司的賞識。於是他們開始感嘆世道的不公，英雄無用武之地，其實並不是他們沒有能力，而是他們不會推銷自己，從而埋沒了自己的才能。

推銷自己是一項非常重要的技能。人人都是推銷員，不論你從事何種職業，你同時也是一位推銷自己的推銷員，你隨時都在向別人推銷你的觀點和意見，其主要目的就是讓別人認同你、接受你、欣賞你。推銷自己，說得簡單一些就是展示自己，這和吹噓自己是完全不同的。你的言談舉止、社交禮節、學識修養的展示，不僅使別人對你的言行產生一定的印象，也使你能更有效地改善自己，適應社會。

職場中，很多人怕丟面子，不好意思，每當談及自己的時候，總是扭扭捏捏、羞羞答答，他們怕有人說自己狂妄自大，驕傲自滿。還有一些人，自視清高，信奉什麼「酒香不怕巷子深」的教條，以為自己是金子就一定會發光，但卻忘了世界上「千里馬常有，而伯樂不常有」。

所以，要想引人注意，要想出人頭地，就要記住戴爾・卡內基的一句話：不要怕推銷自己，只要你認為你有才華！

詭道4：上司需要的是有能力的下屬

得到上司的賞識，在職場上獲得更大的發展空間，這是每個做下屬的願望。常言道：「人往高處走，水往低處流。」沒有人希望永遠居於人下。「不想當元帥的士兵不是好士兵」，同樣，不想當主管的員工也不是好員工。

小王是行政助理，公司裡大小事情都被她操辦得井井有條，人人都稱讚她「和藹可親」、「責任感十足」，部門主管也常常說：「沒有了她，行政部我還真不轉。」沒過多久，主管另謀高就，小王一心以為主管這個空缺非自己莫屬了。可是，兩個星期過去了，一點動靜也沒有，小王心急如焚，忙向其他同事打聽。得到的消息是，公司已聘用一位新同事出任主管職位，而此人並沒有什麼過人之處，只在一家小型企業裡工作過，而且學歷也不比小王高。小王十分不平，怎麼老闆能如此漠視自己的存在！而老闆給出的解釋是，小王做事沒有自己的主見。

無論是上司還是其他同事，任何人若有所求，小王都不會拒絕，小到借用會議室，大至超時工作，小王都願意遷就別人，除了獲得「平易近人」的美譽外，同時也被視為「無性格」。在上司面前她從來就沒有自己獨到的意見或建議，只是一味地遵照執行，給人一種缺乏「強勢」的印象。一般而言，老闆在尋找一個具開拓性和魄力十足的主管時，必然不會考慮這類「平庸」之輩。

作為上司，誰都希望自己的下屬能幹，能幫自己挑擔子。如果你只是個唯唯諾諾聽話的下屬，上司怎麼敢對你委以重任？你要讓上司知道，你有能力幫他分憂，而且還要告訴他，你將怎樣去做。當然，你要經常向上司學習，學習他的工作方法和技巧。通常來說，上司還是比較樂於當老師的，雖然他不一定會把自己的看家本領教給你。但是，你要注意，不能太急進，不能搶了上司的風頭。露臉的事留給上司，艱苦的事留給自己，讓上司記住你的好，這樣，你「表現」自己的機會必然大增。

在你「表現」自己之前，一定要先做足「功課」，比如提前把計畫做好，想好處理問題的各種方法，以及出行意外情況如何應對等。但是，你不能固執己見，在與上司有分歧時，要按上司的意見辦。永遠要記住，你的職責是負責執行，雖然你可以提出自己的見解，但最後的決定權在上司手裡。

另外還要強調的是，表現自己，是要表現長處，表現才能，而絕不是表現弱點。好槍不打出頭鳥，上司需要的是有能力的下屬，而不是平庸的泛泛之輩。

詭道5：有才能的人要謹防「功高震主」

「大度」的主管也許會允許下屬犯錯誤，但是絕對容不下下屬搶他的風頭。自古到今，因「功高震主」而不得善終的例子屢見不鮮。從越王勾踐誅殺大臣文種，到朱元璋殺戮開國功臣，無一不說明了這一點。能幫皇帝打天下的人，也有可能取代皇帝的位子，這種未來潛在利益衝突，埋下「功高震主」的陰影。會使得皇帝想要先下手為強，免得噩夢成真。

當聚光燈都照在成功的下屬身上時，領導者如果胸襟不夠寬廣，就會產生不易平衡的心理壓力。有些領導者甚至會排擠即將出頭的部屬，因為他認為成功的部屬讓自己喪失「光環」，這便成為另一種「功高震主」的來源。

某大型國企集團，準備上市但缺乏國際化人才，董事會決定打破常規，從外部引入一名具有國際背景的人才。從外資企業被挖角過來的高級經理人高峻成為該公司的市場總監。

作為高峻的搭檔，王濤與他工作上互相配合，共同向總經理報告。王濤在國企多年，深知公司政治兇猛，所以在高峻入職第一天，就坦誠地提醒他國企與外資企業文化大不相同，關係之複雜超乎想像，建議他在展開工作之前，有必要先熟悉、研究一下國企的企業文化與公司政治，特別是摸清老闆的底線與喜好，以便日後更好地在這裡發展。

高峻一口回絕了，他明確地說是來搞市場的，不是來搞政治的。由於高峻來頭顯赫，而且又是董事會所器重的人才，所以總經理對他也很敬重，他自然成為公司裡最有影響力的人物之一。雖然職位只是總監，但在許多方面高峻已經可以與公司總經理平起平坐。

總經理屢次公開高調表態支持高峻的工作，這讓高峻感覺到熱血沸騰，他不止一次向王濤說，完全沒想到總經理對他如此授權與器重，也沒想到一家老牌國有企業的公司文化可以與外資企業一樣開明，他一定要知恩圖報地盡力去拚搏。

王濤內心充滿困惑，一方面是對總經理有點反常規的「大方授權」有些不解，另一方面又為高峻對「大方授權」的簡單理解而捏了一把汗。因為他知道，總經理並不是一個完美無缺的領導人，王濤知道他有他的忍受限度和用人的底線，高峻的一次次失誤顯然是還沒有觸及那條「看不見的線」。

在一次黃金週的促銷大戰中，由於高峻制訂的策略得當，廣告、公關、銷售各個部門都緊密配合，公司取得了顯赫的銷售戰績。在盛大的慶賀晚宴上，高峻喝了很多酒，酒酣耳熱之時，他當著很多人的面說：「看到了吧？公司沒有我是不行的，要是我升職了肯定可以做出更大的成績......」許多人都附和著，諂媚之態更讓高峻飄飄然。總經理的臉當時就黑了，在接下來的公司大會上，總經理第一次把高峻不留情面地訓了一頓。兩個月後，總經理找了個冠冕堂皇的理由，讓高峻「體面」地離開了公司。

有智慧的職場人士都知道，要想在職場得意，就不能讓自己的光環蓋過上級。適當的示弱和低調可以換取別人的信任和好感，一味逞強必然會導致「功高震主」，從而給自己帶來「殺身之禍」。

★詭之辯

有些人總是認為，只要埋頭苦幹就行，老闆自然會看見誰努力誰不努力，如果你這樣認為，就錯了。是的，老闆心中有數，誰能做，誰不能做他心裡清楚。可是，有時候老闆也會裝糊塗。既然你好「欺負」，他為了省心省力，自然讓你能者多勞，但是你多勞卻不一定多得。那些整天牢騷不斷、幹活拈輕怕重的人反而比你拿的多。

所以，「會哭的孩子有奶吃」。我們這裡說的是「會哭」，而不是「能哭」，當你在面對困難需要支持或者援助時，要及時地向老闆發出「求救」信號。其實，老闆在不斷往你身上「加磚」的時候，他不是不知道「磚」的重量，只是覺得把工作交給一個不懂拒絕的人最省心。但是，你別夢想自己比別人薪水更高、升遷更快。老闆當然無數次想過給你加薪、升職，然而辦公室裡很多「狠人」當道，他擺不平時，你將是首選的犧牲者。你不需要一本正經地拒絕老闆，只需要擺明你的難處，最好的拒絕方式是擺出時間或精力上的困難，讓他明白——他的確是有些過分了，而你卻沒有得到你該得的東西。

小結

卓越的說話方式，睿智的行事技巧，譬如該低調的時候絕不抬頭，該出聲的時候絕不低頭，不僅能讓你的職場生涯輕鬆愉快，更能讓你名利雙收。在如今的職場中，僅會做事已經遠遠不夠，在適當的時候保持低調的同時，還應該在老闆和同事面前恰到好處地表現自己，讓老闆和上司認識到，你能力不凡，是個可造之材，從而為自己贏取加薪、升職的機會。

同時，你還應該通曉「會哭的孩子有奶吃」的奧妙，做有心眼、有聲音的「千里馬」，而不是埋頭拉車的「老黃牛」。不要以為靠熟練的技能和辛勤的工作就能在職場上出人頭地，職場如江湖，不僅要懂得各種顯規則，還有必要深諳各種潛規則。如果你只是拚死拚活地為公司賣命，而不知道應該適時地向老闆「哭」幾聲，等到自己實在無法忍受的時候黯然離去，可能正中了某些老闆的下懷。

第9章　有關做事與做人

我們來到這個世界上，一生都在做兩件事：一是做人，二是做事。

會做人的人具有良好的道德修養，並能按道德標準去處理好各種社會關係；能做事的人在各種條件下都能充分發揮自己的聰明才智，做好各方面工作並獲得別人的認可。做人與做事密切關聯、相輔相成，二者不可偏廢。不會做事，做人無從談起；不會做人，做事南轅北轍。只有在做事中才能體會做人的道理，同樣只有在做人中才能體會做事的意義。

職場如同江湖，只有能做事會做人的人，才能在職場上遊刃有餘，笑傲江湖。

正道：把公司當成自己的家

案例故事

小王從某大學經濟管理系畢業後，應聘到一家化妝品公司，擔任經理助理職位。交接那天，前任助理告訴他：「在這裡簡直就是浪費時間！因為助理的任務就是收發文件、做會議記錄、安排經理的行程，簡單地說就是打雜。」小王笑笑說：「我既然選擇了這個公司這份工作，我就會努力把它做好。我相信有努力總會有收穫。」

同樣的工作，在不同人的眼中，會有天壤之別。小王恰恰認為，每天接觸公司的決策文件，可以看出經理經營企業的思路，而每次的會議記錄則可以讓他見識到企業決策是如何產生的。他說：「再沒意思的工作，如果用老闆的眼光來看待，也能看出價值所在。如果把公司當成自己的，工作起來就會幹勁十足。」

幾年以後，當年那個「逃走」的助理不知際遇如何，但小王已經成為這家公司的行政部經理。

我們應該像對待自己的公司一樣對待你所服務的公司，愛護公司的每一樣物品，時刻維護公司的聲譽。因為，公司的命運將決定你的命運，如果公司發達了，你自然也會得到發展。一旦公司衰敗，你將會失去工作，而且很多公司都不願意聘用那些倒閉的公司的員工。因為，一個公司倒閉一定程度上和這個公司的員工息息相關。

正道1：把自己當成公司的老闆

老闆與員工最大的區別就是：老闆把公司的事情當作自己的事情，員工則喜歡把公司的事情當作老闆的事情。

兩種不同的心態，使得他們工作的方式完全不同。毫無疑問，任何關係到公司利益的事情老闆都會去做。但是大多數員工卻只做那些分配給他們的事情，對於其他職責外的工作，他們會很自然的用「那不是我的工作」、「我不負責這方面的事情」來推脫。在他們看來，在公司上班的8小時之內他們為公司工作，下班之後就完全與公司沒有任何關係了。

在任何一家公司裡，總有一些人在腦海裡把公司和自己分得很開，除非被主管重用，否則他們很難把自己看成公司的一個重要組成部分。

比爾在一家快餐店已經工作了兩年，一直是不溫不火的狀態，待遇不高，但也還過得去，用他的話講就是：「這個工作不用人操多少心，薪水也馬馬虎虎過得去。」但在最近和一些老同學交流過程中，他發現大家都發展得不錯，好像都比自己好，這使得他開始對自己目前的狀態不滿意了，考慮怎麼和老闆提加薪或者找準機會跳槽。

有一天，比爾終於找到一個單獨和老闆喝茶的機會。他開門見山地向老闆提出了加薪的要求。老闆笑了笑，只說了一句話：「你在這裡盡全力了嗎？」聽完這句以後，比爾不但不反省自己，反而比以前更沒有工作熱情了，開始敷衍應付起來。一個月後，老闆把他的工作移交給其他員工，比爾也趕緊知趣地遞交了辭呈。

這就是典型的今天工作不努力，明天努力找工作的例子。

美國鋼鐵大王卡內基曾說：「無論在什麼地方工作，都不應把自己只當作公司的一名員工——而應該把自己當成公司的老闆。」

微軟總裁比爾．蓋茲在被問及他心目中的最佳員工是什麼樣時，也強調了這樣一條：一個優秀的員工應該對自己的工作滿懷熱情，當他對客戶介紹本公司的產品時，應該有一種「傳教士傳道般的狂熱」！只有一個把自己的本職工作當成一項事業來做的人才可能有這種熱情，而這種熱情正是驅使一個人去獲得成功的最重要的因素。

老闆不會青睞那些只是每天8小時在公司得過且過的員工，他們渴望的是那些能夠真正把公司的事情當作自己的事情來做的員工，因為這樣的員工任何時候都敢作敢當，而且能夠為公司積極地出謀劃策。如果你真正熱愛你現在的公司的話，就應該把公司的事情當成自己的事情。

什麼樣的心態將決定我們過什麼樣的生活。當你具備了老闆的心態，你就會去考慮企業的成長，就會去考慮企業的明天，就會感覺到企業的事情就是自己的事情，就知道什麼是自己應該去做的，什麼是自己不應該去做的。像老闆一樣去思考，就會像老闆一樣去行動。

假設你是老闆，你對自己今天所做的工作完全滿意嗎？回顧一天的工作，捫心自問一下：「我是否付出了全部的精力和智慧？」

以老闆的心態，把公司的事當成自己的事來做，你就會成為一個值得信賴的人，一個老闆樂於僱傭的人，一個可能成為老闆得力助手的人。

正道2：想方設法為公司盈利

懷特是一家食品公司的銷售代表，他對自己的銷售業績感到非常滿意。有好幾次，他向老闆邀功說，他是如何地賣力工作，勸說一位零售商向公司訂貨等等。可是，他的老闆只是點點頭，淡淡地表示贊同。最後，懷特鼓起勇氣進一步說道，「我們的業務是銷售食品，不是嗎？難道您不喜歡我的客戶？」

他的老闆直視著他說：「懷特，你把精力放在一個小小的零售商身上，他已經耗費了我們太多的精力，請把注意力放在一次可訂上萬件貨物的大客戶身上。」

懷特明白了老闆的意思，老闆要的是為公司賺大錢。於是他把手中較小的客戶交給另外一位同事，自己則努力去找一些大客戶——為公司帶來巨大利潤的客戶。他做到了，為公司賺回了比原來多幾十倍的利潤。

你會不會犯懷特這樣的錯誤呢？忙忙碌碌的只是過程，老闆需要看到的是結果。如果你始終把公司的經濟效益放在心上，相信就能夠積極思考，不斷克服困難，為公司創造財富。

市場經濟的鮮明特點就是以經濟利益為依歸的優勝劣汰機制。為了在這個機制中勝出，大大小小的企業，都需要拚命創造出儘可能多的財富。有了財富，才有企業的發展壯大，才能在商海中立足。

公司僱傭你，最直接的原因就是希望你為公司創造效益。你不能替公司賺錢，老闆為什麼要花錢僱傭你呢？公司為你提供舞臺，你的個人收入是你為公司創造效益的副產品，你為公司賺得越多，你的收入也會水漲船高。你是否熱情、是否勤奮、是否進取、是否充滿使命感……最終體現在於你能否為公司創造財富。獲取財富雖然不是我們工作的唯一目的，但卻是衡量我們工作成績的重要量化工具。一個好員工必然是能為公司創造財富的員工。

公司的利益如果不能得到保障，那麼你的個人利益就成了無源之水，無本之木。盡自己最大的力量為企業創造更多財富，這是每一位員工的使命。如果企業得到了很好的發展，作為其中一員的你也就獲得了更多的利益。

正道3：如果你很重要，公司自然重視你

員工甲對乙說：「我要離開這個公司，我恨這個公司！」

乙回答說：「我舉雙手贊成！這個破公司，你一定要給它點顏色看看。不過你現在離開，還不是最好的時機。如果你現在走，公司的損失並不大。你應該趁著在公司的機會，拚命去為自己拉一些客戶，成為公司獨當一面的人物，然後帶著這些客戶突然離開公司，那樣公司才會受到重大的損失，陷入被動的局面。」

甲覺得乙說得非常有理，於是努力工作。事遂所願，半年以

後，他有了許多忠實的客戶。

乙對甲說：「現在是時機了，要跳槽，趕快行動哦。」

甲淡然笑道：「老闆跟我談過了，準備升我做總經理助理，我暫時沒有離開的打算了。」

其實這也正是乙的初衷。如果你足夠優秀，老闆自然不會對你視若不見。

所以，不要總是抱怨公司對自己的「不公」，你應該先問問自己，到底為企業做了多少貢獻？是否為公司付出了自己的全部努力？是否對得起老闆付的那份薪水？如果你是老闆，你會給自己這樣的員工打多少分？會不會給他提供更廣闊的發展空間？

國際人力資源管理顧問安東尼博士曾經這樣說過：「企業家是世界上最苦、最累、最孤獨、最不容易的人。當你將一件事看成是事業的時候，就算有千萬種困難，你都必須去解決；就算有多苦，你都要堅持下去；就算和你一起戰鬥的戰友一個個離你而去，只要你一息尚存，就必須熬下去。」我們常常只看到老闆光鮮的一面，卻很少去想當一個老闆有多麼不容易。

很多時候，我們總是將工作關係理解為純粹的商業交換關係，認為相互對立是理所當然的。其實，雖然僱傭與被雇是一種契約關係，但是並非對立。從利益關係的角度看，是合作雙贏；從情感關係角度看，可以是一份情誼。不要認為老闆就是「剝削」你的人，你可曾看到他們的責任和壓力？遇到委屈的時候，請試著從他們的角度去想想。

站在企業的角度思考問題，你才能成為企業需要的優秀人才。同時，你也會因為視角的不同，為日後的成就奠定堅實的基礎。

★正之解

雖然以主人翁和勝利者的心態去對待工作，不能保證百分之百的成功，但是如果你沒有這種心態的話，就絕對不會成功。在任何一家公司，只有把自己當成公司的主人，認真負責地對待每一件事情，你才會幹好自己的工作，得到別人的肯定，從而獲得更多的自信。不論工作多麼卑微，只要你忠於職守，毫不吝惜地投入自己的精力和熱情，漸漸地你就會為自己的工作感到驕傲和自豪，就會贏得同事的尊重和老闆的器重。

那些勤奮、敬業的員工往往會在工作中受益匪淺：在精神上，他們獲得了快樂和自信；在物質上，他們獲得了豐厚的報酬。相反，一個對工作不負責任的人，往往是一個缺乏自信的人，也是一個無法體會到快樂真諦的人。要知道，當你將工作推給他人時，實際上也將自己的快樂和信心轉移給了他人。

改變態度，努力培養自己勇於負責的精神，你將成為職場上的贏家。

詭道：為自己著想，為公司做事

案例故事

大衛是一家電子公司的銷售經理，有一年公司為了開拓非洲市場，便把他派到了非洲。

在非洲，大衛遭遇了水土不服、氣候不適應等很多生活問題。他發現一個人遠離了公司非常的勢單力薄，而且他要去開拓的是一片完全空白的市場！除了要忍受孤單寂寞外，他還要承受很大的工作壓力——不僅要代表公司去談業務，還要親自去碼頭取貨、送貨。

然而，在非洲這塊土地上，無論他怎樣辛勤地勞作，都沒有獲得在本土的時候一半的成績。兩年多來，他成了同事中進步最小的、業績最差的一個，上司對他的表現非常地不滿，對他的工作支持也越來越少了。

全心投入的工作換不來上司的滿意和賞識，他心裡很抱怨，覺得公司對他太不公平了。這也讓大衛對是否在非洲堅持下去產生了猶豫。在很長一段時間裡，他的心情非常沮喪，感覺前途黯淡。

大衛心裡一直在盤算：假如就此放棄，申請調回去，即使上司答應了自己的請求，可是這樣灰溜溜的回去，別人會怎麼看？公司還會重用自己嗎？原來的客戶只怕早就被別人搶走了。與其回去重新開始，那還不如在非洲咬牙堅持下去，畢竟自己在這裡已經辛辛苦苦地幹了兩年。

大衛最終選擇了堅持下來。他沒有去埋怨上司（那樣不會給自己帶來任何幫助），而是與上司經常保持溝通，並儘量站在公司的角度來考慮問題，以爭取公司的支持。在大衛的不懈努力下，非洲市場終於有了重大的轉機，產品銷路被打開了，並成為公司很大的一塊利潤來源。

從大衛的經歷中，我們可以看出，如果你想爭取上司的支持，就必須站在公司的角度來考慮問題，儘量找一些能打動上司的理由。你不僅要對自己有信心，也要讓上司對你有信心，同時還要對自己的處境有清晰透徹的瞭解，知道怎樣做才最符合自己的利益。如果你一遇到困難就退縮，那樣永遠不會成功。如果你不放棄，那就還有機會；但如果你放棄了，那你之前為之付出的全部心血和汗水就完全打了水漂。

人們只有站在自己的立場做事情，才會真正去關心利益。我們在為公司創造價值的同時，為自己謀取福利，這才是合情、合理、合法的理性行為。

詭道1：別成為老闆心中永遠的傷痛

如果你成為老闆丟醜的見證人，而且本來你的努力就能保全老闆的面子時，你卻冷眼旁觀，那老闆對你的袖手旁觀一定記得刻骨銘心。隨著時間的消逝，老闆可能淡忘了他丟醜的事情，但一看見你，可能就會勾起他痛苦的回憶。這時老闆就可能把他丟醜的事全部怪罪到你頭上。在這樣的老闆手下工作，你要想獲得加薪和晉升的機會，幾乎是不可能的。

周南被公司炒了魷魚。很多人不理解，因為他的銷售業績一直不錯。他的一個好朋友追問他怎麼回事，他才道出了其中的緣由。

有一次，周南陪同老闆參加一個產品訂貨會。在餐廳就餐的時候，一個人陰沉著臉衝他們走過來。周南認出他曾經是公司的競爭對手，因為他在一次商戰中被打敗，而且敗得很慘，使其所在公司蒙受了巨大的損失，他也因此被炒了魷魚。這個人從此對周南的老闆懷恨在心，從對手變成了敵人。

那個人走到老闆對面，端著一杯葡萄酒，對老闆陰險地一笑，突然將葡萄酒向老闆的臉潑去。老闆沒來得及作出反應，被潑了個正著，這讓老闆很下不來臺。老闆摸起餐桌上的紙巾擦拭的時候，那個人已經瀟灑地走開了。周南當時愣在那兒了，等他醒過神來的時候，老闆已經轉身離開了餐桌。周圍的人都好奇地看著他們，有的人還竊竊私語。

從此以後，老闆就不再給周南好臉色看。在老闆看來，作為員工，關鍵時刻不知道挺身而出，保護自己的老闆，維護老闆的尊嚴，讓老闆顏面掃地。周南也覺得自己很失職，愧對老闆，所以想透過努力工作，為公司多做貢獻來彌補對老闆的歉意，但是老闆根本不領情。在年底的裁員中，他理所當然地被裁掉了。

人事部在周南的解聘通知書上寫的辭退理由是：「缺乏靈活處理問題的能力。」

周南明白這是自己頭腦不夠靈活，讓老闆失去了面子，老闆一看見他肯定就會想起那天的「傷痛」，最好的方法是讓他走人。

職場中，當你同老闆在一起的時候，老闆一旦處於丟醜的邊緣，你一定要積極應對，而不是做一個冷漠的看客。如果不能避免老闆丟面子，你就應該趕快躲開，而不是目擊老闆受辱。如果有一絲可能保全老闆的面子，就要衝上去挽救，即使保全不了老闆的面子，老闆也會理解你。如果你在危機面前無動於衷，束手無策，甚至幸災樂禍地看老闆的笑話，結果一定不會有好果子吃。

詭道2：像老闆那樣做事，但不能替老闆做主

職場中，有些員工忽視了老闆與員工之間的界限，有意無意地站在了老闆的位置上指手畫腳，引起了老闆的極度不滿，從而葬送了自己在公司的前途。

儘管他們所做的事情是經過老闆同意而且是對公司有利的事情，他們在這樣做的時候並沒有意識到有什麼不對，甚至還以為「如果是老闆，他也會這麼做，我替老闆做了，又有什麼不可呢？」但是，他們沒有想到的是，老闆在意的不是你做事的結果，而是你站在了他的位置上。再者，雖然有些事情本身並不大，但你擅自替老闆做主，那就成了大事，無視老闆的權威，剝奪了老闆拍板的權力，這是非常忌諱的。

張靜在一家著名的時裝雜誌社任美編。一天，她接到一個電話，是剛出版的那期雜誌的封面模特兒打來的，找主編。正巧主編出去了，張靜告知模特兒主編不在，有什麼事她可向主編轉達。模特兒說，主編送給她的5本雜誌都被別人拿走了，她想再找主編要

5本。張靜立即說，行啊，你過來拿吧。

這種事經常在編輯部裡發生，雖然超出了規定，但是為了密切模特兒的關係，為下次合作順利，主編一般都會滿足模特兒的要求，所以張靜很爽快地讓模特兒過來拿。

模特兒拿走雜誌後，張靜沒有向主編報告，她覺得這是件微不足道的小事，沒必要讓主編知道，但後來主編還是知道了這件事。不久，主編便以「工作需要」為由，調張靜到發行部工作。張靜對發行一竅不通，也沒有一點熱情，最後只好主動辭職。

詭道3：表現自己，但也要給別人機會

吳風在一家廣告公司工作，因為工作資歷比較老，所以主管決定讓他搞一個項目策劃。另外兩個同事的工作時間雖然短，但業務能力很棒。為了體現自己項目負責人的身分，吳風跟兩個同事約法三章：

一、有好的創意要及時向他報告，由他來判斷是否可行；

二、每天下班前向他報告工作進度；

三、他提出的意見，第二天必須整改完畢。

對於吳風的獨斷專行，另外兩個同事頗有微詞。雖然上司讓吳風牽頭，但是項目需要三個人來做，只有三個人精誠合作，融合大家的智慧，才會把策劃做到最好。吳風的約法三章，明顯凌駕於兩個同事之上。兩個同事的心裡自然都不痛快，並產生了牴觸情緒。

隨著工作的展開，吳風與兩個同事的矛盾不斷升級。一次，一個同事想出了一個絕妙的創意，向吳風報告後，卻沒有得到一句肯定的話。吳風板著臉說他再斟酌一下。後來，這個創意被吳風改動了一個無關緊要的地方，付諸實施了。另有一次，吳風讓另一個同

事修改一處文字，可這處文字並無錯誤，只是兩人的表達習慣不同。同事沒改，吳風責罵同事陽奉陰違，結果兩人大吵起來。

這兩個同事被吳風一提醒，果真陽奉陰違，開始出工不出力。完工的期限快到了，策劃方案還沒有完成。吳風很著急，請求兩個同事加把勁。沒想到，他們兩人幾乎異口同聲地說：「我們能力有限。你那麼高明，還是你自己加油吧。」

吳風明白這是藉口，也明白他們是想看自己的笑話。他找到上司告狀，說這兩個同事不配合他的工作。上司經過調查知道了事情的真相，於是決定不再讓吳風繼續負責這個項目策劃。

上司這樣對吳風說：「你太優秀了，他們感到壓抑，還是等下次有機會時，你再單獨負責一個項目吧。」

吳風聽不出上司是表揚他，還是批評他，他隱約覺得這是上司的一個藉口而已。但無論如何，這個項目是跟他徹底絕緣了。

從這個案例可以看出，在與同事合作的過程中，如果你營造出讓同事覺得自己很高明的氛圍，同事就會與你合作得很愉快。但如果你讓同事覺得他是在屈從於你，他就會感到壓抑，進而產生牴觸情緒，並找藉口抵制合作——這樣一來，你們的合作也就不可能有什麼成果，而且，這種做法一旦讓上司知道，也會讓他覺得你是個不堪大任的人。

詭道4：不要陷於派系之爭

職場中，要善於處理各種矛盾，方能立於不敗之地。在不損害自己利益的前提下，又達到某種目的，這不但需要有隨機應變的本領，還需要有豐富的社會閱歷作後盾。

在面對不同的派別鬥爭時，要把握兩點：一是要注意掌握時機，並且行事要巧妙，如萍露水上，不落痕跡；二是要與相互對立的各方保持友好關係，成為各方爭取的對象，但永遠都不要「投靠」任何一方。掌握了這兩點，面對派系爭鬥時便可遊刃有餘了。當然，如果不具備豐富的經驗和閱歷，那麼應用時不免會畫虎類犬。

公司內部有矛盾，這很正常，有些矛盾由於長期得不到解決從而表現為一種派別。有很多追求晉升的人，從這種派別矛盾中，似乎看到了希望、看到了機遇、看到了竅門，結果一下子陷了進去，無法脫身。當然也有些人開始時是保持中立或者是躲著、繞著走，然而由於求官心切，也會自覺不自覺地陷入了這種派系矛盾當中。這也是職場人士常常說起的——「人在江湖，身不由己」。

然而，對於職場人士來說，一旦陷入派系之爭，你就永無寧日。如果你「投靠」的一方在某次爭鬥中落敗，你很可能被當成替罪羊或者炮灰；如果你所在的一方僥倖在某次爭鬥中獲勝，那你又要面臨下一次戰爭的「浩劫」。職場鬥爭到最後，幾乎沒有贏家。

其實，置身於有矛盾、有派別的鬥爭環境當中並不可怕，關鍵是要掌握處理這種關係的技巧。你的原則應當是：

1.不能在大是大非趨於明朗的情況下縮手縮腳，從而完全置身於客觀現實之外，使自己喪失機遇；

2.不要在無謂的同事紛爭當中浪費自己的精力，並且要儘量避免在兩敗俱傷中使自己受到牽連。

掌握這種技巧的關鍵在於原則性和靈活性的結合，這也是任何一個和權力有關聯的人在社會生活中必須具備的素質。身在職場，最忌諱的就是主動地、有意識地在派系紛爭中去撈好處。這會令爭鬥的雙方以及其他同事一起鄙視你。

要想不陷於公司內部的派系鬥爭，下屬對待上司和同事要做到密疏有度，不能太過特殊化，即使你無法做到一視同仁，但在大面上一定要過得去。這就要求我們在工作上對待任何人都要支持，萬不可「看人下菜碟」。現實生活中往往有人憑個人感情、好惡、喜怒出發，對某些領導者或同事的工作給予積極協助、大力支持，而對另一些人和事則袖手旁觀，甚至故意拆臺、出難題，這一點是必須克服的職場大忌。

另外，還有些人對主要上司和與自己相關的上司，態度十分熱情，而對於副職或與己無關的上司則十分冷淡。這種短視行為的後果是：一旦副職被扶正，或者原來的上司被撤換，那你就「死翹翹」了。

詭道5：要遵守公司的遊戲規則

在企業中的工作與遊戲類似，也是有其規則的。而且，每個公司除了那些共性的規則以外，還有一些自己特有的規則，這些特殊規則有的是明文規定的，有的則是不成文的、在公司內通行的做事方法。

只有充分瞭解和掌握公司的這種「遊戲規則」後，你才能在公司裡遊刃有餘，得到老闆的賞識、同事的認可。如果你不懂這些規則，則很難在公司中獲得生存，更別說獲得升遷了。現在的企業往往都要求員工用團隊精神來分配工作，以期在短時間內完成任務、達成目標。所以，如果你是新進人員，就必須馬上去學習和瞭解公司的那些明文或非明文的規定。

首先，要熟悉公司明文頒布的規章制度。例如，公司工作時段有否休息時間；公司有沒有規定穿著怎樣的服飾；公司有什麼樣的加班制度等。規章制度是企業的基本運作規則，不瞭解各種制度，在工作中違反制度，是絕對不行的，你的同事、老闆肯定對你不會有什麼好印象，他們會覺得你是一個不合格的員工。

其次，應該瞭解組織中各種不成文的規則。例如，這家公司的企業文化是什麼樣子；老闆喜歡什麼樣的下屬；怎樣做才能贏得大家的好感；誰在公司中對老闆的決策有很大的影響力；怎樣做才能不得罪人；怎樣才能融入到公司中去等，這些都是你應該瞭解的。

有的公司鼓勵員工提出問題與創新，這時你就要細心發現新問題、新情況，提出來和大家共同討論；但有的公司行為比較嚴謹，希望員工本分地做好自己的事情就行了，如果你太過熱情，經常提出各種各樣的問題會被別人看作出是愛出風頭。也就是說，你在公司中的行為，要和其他人的行事風格保持一致。有的公司鼓勵團隊合作，同事之間的合作關係比較好，要求大家共同解決問題；有的公司則強調自己要有主見，要充分張揚自己的個性；有的公司很注重個人形象、在公眾場合的禮儀等，如果你很不注意小節，不修邊幅，那麼公司主管和其他同事對你就不會有好印象。

作為下屬，你還要瞭解頂頭上司的生活習慣、做事風格、工作作風等，然後加以巧妙周旋。有的主管喜歡受到下屬的吹捧，這時你應該附和他的決策，不時向他說出幾句讚賞的話。如果自己不同意他的觀點，千萬不要當著別人的面指出來。如果你的主管老是害怕自己的下屬會超過他，這時你遇事要向他多請教、多報告，多聽取他的意見。如果主管喜歡下屬有才幹，你就要隨時向他提出自己的意見或建議，展示自己的才華。

另外，你還要注意各種人際關係。要想辦法跟同事們盡快熟悉起來，你可以幫同事們多做點事，比如打掃環境、整理報紙文件、接聽電話等，可別小看這些努力，它會幫助你迅速融入到團隊中去，得到大家的認同和幫助。在做事時，注意不能太浮躁，要沉穩而且有分寸。剛進公司時，要少說話，多辦事。遇到不懂的問題，要多向老同事們虛心請教。儘量不要把自己的私事帶進辦公室，必要的時候告訴親戚朋友，讓他們儘量不要在上班時間把私人電話打進辦公室。對於職場中的人來說，多注意一些細節是很必要的。當你熟悉了這些遊戲規則後，在職場中的日子就會遊刃有餘。

★詭之辯

作為公司員工，你必須時刻顧忌老闆的面子，維護老闆的權威。在下屬討好主管的各種方式中，為主管解圍，替主管受過，替老闆賺面子，是最有效的一種。千萬不能搶了老闆的風頭，更不能讓上級下不來臺。

同時，你做事的時候還必須考慮到同事的感受，如果一味地出風頭，露臉的事全都「包」了，看似風光無限，實則危機四伏。別以為就自己聰明，每個人做人都有自己的底線，一旦你越過別人的底線，危機可能就會爆發。你一旦引起衝突，其他人也會紛紛站出來舉報你，揭發你。這個時候，別指望老闆會為你主持公道，他照樣會拿你「大義滅親」，收買大多數人的人心。如果你不想讓別人落井下石，不想成為老闆收攏人心的犧牲品，平時就要多注意做人做事的技巧。

小結

當你嘗試著把公司當成自己的家，盡心盡力地去為公司工作的時候，你的生活會改變很多，你的境遇也會因此而改變。其實，改變的不是生活和工作，而是一個人的工作態度。正是工作態度，把你和其他人區別開來。這樣一種敬業、主動、負責的工作態度和精神會讓你的思想更開闊，工作更積極。

毋庸諱言，人是理性的經濟動物，誰都會將自己的利益最大化。我們在為公司工作的同時，也在為自己工作；在為公司創造價值的同時，也能使自己獲得豐厚的回報。另外，在職場上不能只顧著「低頭拉車」，還要「抬頭看路」，我們不能只會做事，而不會做人。與在老闆相處的時候，一定要給足老闆面子；在與同事合作的時候，「露臉」的事情別只想到自己，也要給別人表現的機會。

第10章　遊刃職場，心態很重要

失敗者總喜歡推卸責任，把自己失敗的原因歸咎於環境，歸咎於上司和同事，覺得所有人都在跟自己作對。抱著這樣的心態，你永遠不可能成為成功者。

優勝劣汰，適者生存是地球上所有生物都必須遵循的生存規律。職場猶如一片汪洋大海，每個人都是其中的一條魚，只是有的人是大魚鯊魚，有的人是小魚小蝦。但無論你是什麼魚，都只有魚去適應海洋，而沒有海洋適應魚的。若想在職場上生存，並成為遊刃有餘的職場達人，那就請你先調整好自己的心態，去適應職場，而不是讓職場去適應你。

正道：遵守那些你無力改變的規則

案例故事

露西和安娜在同一家公司做見習員工，兩個女孩都很努力、勤奮。可是，不久公司傳聞要裁員。於是公司裡人人自危，露西和安娜更是如此。一星期後公司正式宣布裁員名單，露西和安娜也在名單之內。被裁人員將在一個月之後離職。

聽到這個消息，露西很傷心也很氣憤，在辦公室大哭了一場。第二天，露西逢人就說：「我這麼勤奮還要被裁，真是沒天理。公司太不人道了！老闆太狠心了！你們別再用功了！你看看我，平時這麼認真，最後卻落個被炒魷魚的下場！天下沒一個好老闆！」

在這最後一個月裡，露西不再是同事們喜歡的那個女孩了，她也不再認認真真地工作了。在辦公室裡的時候，她不是摔文件就是拍機器，弄得整個辦公室的人都戰戰兢兢的，好像是他們趕走她的；不在辦公室裡的時候，她就到處吐苦水，結果弄得整個公司都知道有個「不幸」的露西。

一個月後，露西被裁掉了，但是她的「難友」安娜卻從裁員名單中被刪除了。

露西感到自己被耍了，於是怒不可遏地跑到經理的辦公室討說法。經理很平靜地說：「這是董事長親自說的。」露西大吃一驚。經理又問：「在這一個月裡，你知道安娜做了些什麼嗎？」露西搖了搖頭。經理說：「在你到處『鳴冤』的時候，安娜不僅沒有向別人『訴苦』，而且仍然很好地完成自己的工作。同事們不好意思再派工作給她，她卻主動要求，還像平常一樣跑到同事面前請求事情做，而且比以前還賣力。她說以前和同事們相處得很愉快，現在要分開了，她想在最後一個月裡給大家留下一個美好的回憶，所以要珍惜這最後的一個月。既然公司的決定無法改變，就順其自然好了。但是工作不能因為裁員而不做了，既然公司給了我們一個月，說明還是信任我們的，所以還是要做好。」

最後，經理意味深長地說：「不是公司不要你，而是你首先不要你自己。」露西聽後，懊悔不已。

每個公司的運作，都要遵循其規章制度。如果公司決定要收縮業務、裁減員工的話，你首先要做的不是抱怨，而是做好眼前的事。你要用能力告訴老闆，失去你，對他來說是一種損失，因為你是不可替代的。你要有意識地培養獨立工作的能力，工作上不要依賴別人，要能夠獨當一面，這樣，你才會有存在的價值。

正道1：工作是你的親密愛人

在職場上，工作不但不能拒絕，而且，它將與你相伴一生。所以，我們不要把工作僅僅當作謀生的一種手段，而是要去熱愛它，全身心地投入進去，把它作為自己的一個親密愛人。

當你這麼做的時候，你會發現比從前更快樂。同時，快樂情緒帶來的這種感染力，會使你在老闆眼裡成為一個熱情的好員工。此時，成功也將離你更近。

經營公司近70年的約翰．貝克特家族，是全球最大家用暖氣油爐製造商，曾創下年銷售額一億多美元的業績。當年，67歲的貝克特寫了一本《愛上星期一》的書，在做推廣活動時他笑著說：「我寫這本書，是希望將40多年自己經營企業的心得與大家分享，但總是想不到滿意的書名。」

而靈感竟然是出現在一個班機上。當時，乘客大多滿面倦容，而空中小姐卻精神飽滿，還不時開個玩笑，逗大家開心。貝克特當即想到，她們如此熱愛工作的每一天，並時刻保持著星期一的精神狀態，書名便這樣誕生了。

熱愛工作每一天，是一種健康的職場態度。雖然每個人所處的職場環境不同，職位各異，但都應當積極熱情地對待工作。熱愛它，感受它，尊重它，你會發現工作是有價值、樂趣和生命力的。

湯姆．丹普西天生殘疾，右腿少了半截，右手只有一小段。然而，他從小渴望像其他男孩一樣踢足球，他靠著木製的假肢，日復一日，拚命練習踢球和遠距離射門。最終，功夫不負有心人，憑藉精湛的球技，他如願以償，加入了新奧爾良聖人球隊。

在一次比賽中，離終場還有2秒鐘，湯姆．丹普西突然飛身向前，從63碼外，用他那條殘缺的腿，踢進了關鍵的一球，全場球迷頓時尖叫連連。最後，聖人隊險勝底特律獅隊。「我們敗給了一個奇蹟。」底特律教練約瑟夫感慨。「踢進那一球的，不是湯姆．

丹普西。」獅隊的後衛說，「是上帝。」

是上帝？還是奇蹟？其實都不是，把工作當做愛人一樣去付出的人，工作也將回贈他榮耀和成功。

愛默生，這個被稱為「美國的孔子」的思想家曾說過：「只有膚淺的人才相信運氣。強大的人相信的是：有果必有因，世界萬物皆有法則。」種瓜得瓜，種豆得豆，你想獲得什麼，看你先栽種什麼。當你把熱情投入到工作中，與工作「日久生情」，必然開花結果。

莫扎特並非天生的音樂奇才，在他小的時候，每天大量重複的練習，那些單調乏味，不斷重複的訓練，即使是一個成年人也會被逼瘋，然而小小的莫扎特卻樂在其中，技藝漸長，最終實現了偉大成就。

如果愛你的工作，那麼工作就不再只是負累，它帶來的更多的是快樂和生機。

修理工小張，從進入公司工作的第一天起，就開始無休無止地怨聲載道：「這活兒太髒了……唉，全是油汙……憑我的本事？哼，大材小用了簡直……這工作真是沒前途……」小張每天只會不切實際地空想和抱怨，完全看不起自己的工作，更談不上愛了。在沒有愛和工作熱情的情況下，他偷懶磨蹭，消極怠工，應付了事。這樣一天天過去了，當別的同事憑著努力和工作激情，一個個平步青雲，加薪升職的時候，他還是那個躲在角落裡只會埋怨的小修理工，結果只是成了職場中的一個失敗者。

沒有一個成功職場人士是不熱愛自己所從事的工作的，他們把工作當作親人、愛人，尊敬它，愛護它。每天和「親愛的人」朝夕相處，共同奮進，是他們快樂成功的祕訣之一。

你喜歡你的工作嗎？不喜歡，那麼另覓高就；喜歡，請你把它當作你的親密愛人。職場如戰場，工作便是與你並肩作戰的親密愛人。

正道2：坦然接受工作中的一切

有些年輕人總是覺得自己的工作太過卑微，與自己的理想相差甚遠，無法全身心地投入到工作中去，對待工作敷衍了事，當一天和尚撞一天鐘，從來不願多做一點兒。他們將大部分心思都用在如何投機取巧上，一碰到便宜就上，一遇到困難就讓。只想輕輕鬆鬆地享受各種薪資福利待遇，卻不想為此付出辛勞、付出代價。

可是，職場就是個利益交換的場所，你為老闆打工，老闆付給你薪資。「天下沒有免費的午餐」，任何不勞而獲、指望天上掉餡餅的思想，都是要不得的。那些總是挑三挑四，對自己的工作環境、工作任務這不滿意那不滿意的人，都應該對自己說一聲：「記住，這是你的工作，既然沒辦法改變，那就坦然接受一切！」

人都有趨利避害、拈輕怕重的本能傾向。若接到搬鋼琴的任務，多數人會自告奮勇地去拿輕巧的琴凳。但我們是在工作，不是在玩樂！既然你選擇了這個職業，選擇了這個職位，就必須接受它的全部，而不是只享受它帶給你的好處和快樂。就算是屈辱和責罵，也是這個工作的一部分。如果一個清潔工人不能忍受垃圾的氣味，能成為一名合格的清潔工嗎？如果一個推銷員不能忍受客戶的冷言冷語和臉色，怎麼能創造傲人的銷售業績呢？

每一種工作都有它的辛勞之處。體力勞動者，會因為工作環境不佳而感到勞累；在窗明几淨的辦公室裡工作的人，會因為忙於協調各種矛盾而身心疲憊；居於高位的領導者，背負著公司內部管理和企業整體營運的壓力……但他們或許正因為如此，在工作出現佳績的同時也享受到相應的報酬和快樂。

而那些只想享受工作的益處和快樂的人，是無法體會工作帶給他的快感的。他們在喋喋不休的抱怨中，在不情願的應付中完成工作，必然享受不到工作的快樂，更無法得到升職加薪的快樂。

不要忘記工作賦予你的榮譽，不要忘記你的責任，更不要忘記你的使命。坦然地接受工作的一切，除了益處和快樂，還有艱辛和忍耐。你的事業和前程掌握在自己手中，在你所幹的每一份工作中。

正道3：不要總想著要什麼，要想自己努力夠不夠

在工作和生活之中，碰到一些並非我們職責範圍內的工作，需要我們站在公司的立場上，為公司著想，而不是置身事外，採取觀望態度。如此，我們所做出的努力必將會得到回報。在職場上，我們難免會遭遇挫折與不公正待遇，這時候，有些人往往會產生不滿和牴觸情緒，到處發牢騷，希望以此引起別人的同情，吸引別人的注意力。從心理角度上講，這是一種正常的心理自衛行為。但這種自衛行為同時也是許多老闆心中的痛，牢騷、抱怨會削弱員工的責任心，降低員工的工作積極性。

許多公司的管理者對這種抱怨都十分困擾。一位老闆說：「許多職員總是在想著自己要什麼；抱怨公司沒有給自己什麼，卻沒有認真反思自己所做的努力和付出夠不夠。」

對於管理者來說，牢騷和抱怨最致命的危害是滋生是非，影響團隊的凝聚力，造成同事之間彼此猜疑，士氣渙散，因此他們時刻都對公司中的「抱怨者」有著十二分的警惕。

抱怨的人很少積極想辦法去解決問題，從不認為主動獨立完成工作是自己的職責，卻將訴苦和抱怨視為理所當然。其實這樣的抱怨毫無意義，至多不過是暫時的發洩，結果什麼也得不到，甚至會

失去更多的東西。一個將自己的頭腦裝滿了過去時態的人是無法容納未來的。聰明的做法是立刻停止計較過去，不要對自己所遭遇的不公正待遇耿耿於懷。

現在一些剛剛從學校畢業的年輕人，由於缺乏工作經驗，無法被委以重任，工作自然也不是他們所想像的那樣體面。然而，當老闆要求他去做應該負責的工作時，他就開始抱怨起來：「我被雇來不是要做這種活的。」「為什麼讓我做而不是別人？」對工作就喪失了起碼的責任心，不願意投入全部力量，敷衍塞責，得過且過，將工作做得粗陋不堪。長此以往，譏諷嘲弄、吹毛求疵、抱怨和批評的惡習，將他們卓越的才華和創造性的智慧悉數吞噬，使他們根本無法獨立工作，從而慢慢淪為沒有任何價值的員工。

一個人如果總是被抱怨束縛，不盡心盡力地對待工作，那他在任何地方都不會有好結果，沒有公司會歡迎這樣的員工——不僅自己消極應對工作，還挫傷別人的工作熱情。中軟國際副總裁林惠春先生說：「抱怨是失敗的一個藉口，是逃避責任的理由。這樣的人沒有胸懷，很難擔當大任。」

抱怨和嘲弄是慵懶、懦弱無能的最好詮釋，它像幽靈一樣到處遊蕩，擾人不安。如果你想有所作為，想讓自己變得優秀，不妨在遇到不公或是心情鬱悶想要發洩時多問一下自己「我抱怨什麼？有什麼可值得我去抱怨的」，然後平靜的將答案告訴自己。

★正之解

每個人都喜歡走近路，但是職場上沒有近路可以走，有的只是實打實的一步一個腳印，走好每一步。對於你無力改變、給你帶來不快的規則和環境，你只有去適應它。每個人都只能去適應環境，而不能要求環境去適應自己。明白了這一點，你就會坦然面對工作中的一切。別再抱怨了，抱怨除了讓你更加痛苦，讓你遭別人嫌惡外，不會帶來任何好處。好好熱愛你的工作吧，珍惜工作帶給你的每一個機會。

同樣一件工作在不同人的眼裡，看到的結果完全不同：積極的人會把它當成鍛鍊自己的機會；消極的人則會把它看成讓自己累死累活的負擔。身在職場，請牢記一句忠告：積極的心態是你通向成功的通行證，而消極的心態則是你邁向失敗的引路神。

詭道：你的感受取決於你看待問題的角度

案例故事

季傑是一國立大學的畢業生，能說會道，各方面表現都很不錯。他在一家家具企業工作兩年了，雖然業績很好，為公司立下了汗馬功勞，可就是得不到老闆的重視和提攜。

季傑心裡有些不舒暢，常常感嘆老闆沒有眼力。一次和同事喝酒時，季傑發起了牢騷：「想我自到公司以來，努力認真，試圖在事業上有所成就，我為公司發展了那麼多的客戶，業績也很不錯。雖然兢兢業業，成就人所共知，但是卻沒人重視、無人欣賞。」

世上沒有不透風的牆。本來老闆準備提升季傑為業務部經理，在得知他的這些言論後，老闆心裡很不是滋味，這樣抱怨公司和自己工作的員工怎麼能提拔重用呢？於是將季傑從晉升名單裡剔除了。季傑之所以得不到提升，其原因就在於他只是從自己的角度來看事情想問題，只是一味地從自己的立場出發抱怨老闆沒有識人之「能」。殊不知，老闆提拔員工需要綜合權衡各個方面的因素，個人工作能力和工作業績只是其中的一個方面，他還要考慮到公司的晉升制度以及其他員工是否能平衡等眾多問題。

所有認為職場不公正不合理的人，都是失敗者。而幾乎所有的成功者，都覺得一切都是公正合理的。同樣的職場，對不同人而言就有這麼大的區別？其實一切都是心態的問題。失敗者不能適應職場，所以把責任推卸給外部。而成功者抓住每一次機會，努力的適應職場，讓自己遊刃有餘。

想要在職場成功，靠的不只是知識、技術和能力，還要有正確的心態。而你的心態又取決於你看問題的角度。

詭道1：擺正心態，發牢騷只會讓你盡快滾蛋

幾乎所有的老闆都喜歡「超量」工作的員工，這是毋庸置疑的。如果你在做完自己的事情之後，還會主動去做其他的瑣事，這就給了老闆一個很強烈的信號：你是一個很勤奮的員工。同時，如果總是面帶笑容地去工作，與同事相處融洽，這又給了老闆一個信號：你是一個善於團結合作、團隊意識很強的員工。

作為職場新人，你可能正在忍受「不安排實質性工作，每天大多數的時間都是在打雜」的困擾。但是，請一定不要小看打雜，透過這些細小的事情，你會對公司及你的職位有一個全面深刻的瞭解與定位，而這種定位恰恰是老闆希望你快速拿捏準確的。

你每天「打雜」的時候切不可心懷不滿，覺得做這樣的小事很丟人。即便真的這樣想，那麼也請不要表現在臉上。要知道，所有人的目光都在看著你，在評估你是不是有足夠的耐心，工作是否踏實勤勉並且細緻。

除了「打雜」以外，試用期你或許還要坐「冷板凳」。作為新進人員，自然不如老員工在一起相處的時間長、氛圍好。如果你不幸受到了排擠、冷落，心平氣和是首要之務，多反省自己，多製造些工作之外的機會與同事們相處溝通，以增進彼此之間的友好感情。

作為職場新人，既然選擇了這家公司，那麼你就要咬緊牙關堅持到底，「守得雲開見月明」。要相信有付出自然有回報，不要整天頂著一張苦瓜臉，向所有人抱怨工作又苦錢又少。在公司裡，雖然你也有一定的「話語權」，但是不抱怨、不放棄、擺正心態，才是正確選擇。

時刻都要清楚，工作是你的重中之重，業績是你的最重要目標。多向老同事們學習，多向公司裡業績突出的「前輩們」看齊，細心觀察他們工作上的方式方法，以及他們的思維方式，從中學習和借鑑，這對你的職業發展是極有幫助的。作為新人，還不僅要愛崗敬業，還要懂得八面玲瓏，手腳要勤，腦子要靈。另外，還要適當收斂自己的個性，做一個人人歡喜的「小小鳥」。要知道，來自於長官和同事的評價，對於你能否在公司裡立足並獲得發展機會十分關鍵。

詭道2：面對「後來者居上」，你要笑臉相迎

對於一些置身職場多年、有豐富工作經驗、卻又沒有晉升機會的人來說，有一個非常難堪的問題，那就是如何面對「後來者居上」。面對曾經是自己下屬或同事的人當了上司，即使這樣的下屬或同事依然像以前一樣尊重自己，但在你的內心深處，可能依然會很難接受這個現實。由於你自身工作時間較長和工作經驗豐富，因此在你眼裡，原來的下屬或同事始終是經驗不足的後輩。即使自己無心與他們有權力之爭，也難免會想：他們憑什麼坐上這個位置？這種想法會直接導致從心底輕視已經成為上司的原下屬或同事。

但不管你心裡怎麼想，事實終歸是事實，既然你無力改變這個「不合理」的現實世界，而且還想在公司繼續待下去，那你就只能去適應它。怎樣與已經成為你上司的下屬或同事相處，如何調整相

處方式，這對於雙方來說都是一種挑戰。

如果已經成為上司的下屬或同事性情比較溫和，依然尊重你這個「老首長」和「老戰友」，而且你們過去也一直相處的很融洽，那麼你們很快就能找到新的相處方式；如果已經成為上司的下屬或同事是權力慾較重、需要下屬絕對服從的人，而你也曾經對他「施以顏色」，那他就不會因為新下屬曾經當過自己的上級或同事而妥協。相反，他更需要在新下屬面前樹立自己的威信，以提醒雙方的關係已經發生了改變。

選擇離開肯定是最簡單的方法，但多年的努力可能就因為一個人而毀了。況且在現實中，很多人都沒有離開的條件，比如依賴這份工作養家餬口的人。所以很多人遇到這種情況就不得不忍氣吞聲，感嘆職場的險惡，同時也失去了工作熱情。

其實，大可不必如此，還有一種辦法，就是面對現實，好好自省，調整思維方式和工作方式，適應新的領導方式。不要去想為什麼原來的下屬或同事年紀輕輕就坐上了自己熬了多年都坐不上的職位；也不要去想原來的下屬或同事的能力與水平夠不夠；更不要嘗試到上一級那裡表達自己的不滿，因為原下屬或同事的被提拔有可能與更高層領導的權力分配直接相關。

在這個世界上，有些問題是永遠都找不到答案的，你應該去想的是自己能想得通的問題：自己哪些方面做得還不夠好？是否是自己的能力和水平有欠缺？如果原來的下屬和同事確實表現得很優秀，那麼還有什麼可抱怨的呢？

職場不同於官場，在官場上只要不犯錯誤，「無過便是功」，而在職場上，「無功即是過」。對於身在職場的人來說，升降起伏是很平常的事情，如果你每天都揪心於此，那是在給自己找不痛快。古人曾說：「三十年河東，三十年河西」，現代社會的工作節奏已大大加快，早就可以改為「三年河東，三年河西」了，世界上沒有一成不變的事情，要是對上司的位置感興趣，那麼，最有效的方法是不斷反省自己，努力做好自己的工作。

詭道3：跳出你的思維習慣，別「一條道走到黑」

歷史是一筆財富，規則是一種秩序，但它們同時可能又是一種沉重而嚴酷的束縛。要想擁有財富，主宰命運，有更好的發展，就必須大膽地脫掉束縛，勇敢地挑戰規則。

職場中，我們習慣用狂轟濫炸的廣告打開市場銷路，習慣在酒桌上贏得訂單，習慣個人英雄主義式的決策與決斷，習慣身先士卒的工作作風……也許，這些習慣並沒有妨礙你和企業的成長，但是，當這些習慣不再與社會的發展產生共鳴，當這些習慣漸漸成為你和企業發展的絆腳石時，就必須跳出你的習慣，避免「一條道走到黑」的困境和尷尬。

所以，職場人士應該讓好習慣為自己服務，不能讓一些陳規陋習把自己的思想、活力和激情禁錮起來。任何不良習慣都可以被打破，任何慣性思維都應該克服，你必須突破思想上的藩籬，才能成為行動上的巨人。聰明的人都喜歡嘗試新鮮事物，進而發現解決問題的鑰匙。

我們平常煎魚時，魚肉總是容易黏鍋，煎出來的魚東缺一塊，西少一塊，不夠完整。日本有一位家庭主婦，也常為此事煩惱。她經過仔細觀察，發現這種情況是由於鍋底加熱後，魚油滴在熱鍋底上造成的。怎麼才能解決這個問題呢？有一天，她突然產生了一個奇怪的想法：能不能不在鍋的下面加熱，而改在鍋的上面加熱呢？她嘗試了幾種從上面燒火，把魚放在火下面的做法，效果都不滿意。經過多次試驗，最後她想到了「在鍋蓋裡安裝電爐絲」這樣一個從上面加熱的辦法，終於製成了令人滿意的「煎魚不糊的鍋」。

這個創意讓她賺了一大筆錢。

我們每天去公司上班，對上班路上的那些風景很可能熟視無睹，這是因為你每天都從同一個方向同一個角度去看他們，久而久之，就會產生審美疲勞。假如你換一個角度，比如到你公司所在大樓的頂上，或者在原地倒立過來看，你會發現原來那些非常熟悉的、根本不值一提的風景，也可以如此美麗、如此壯觀。

打破自己的固有模式，衝出思維定勢，你會發現眼前豁然開朗，許多難解的問題很容易迎刃而解。養成打破思維定勢的好習慣，你將在職場中發現一片新天地。請記住：創新是創新者的通行證，習慣是習慣者的墓誌銘。

詭道4：要想在職場生存，眼裡就要容得下沙子

以前我們形容剛正不阿的人都會說上一句：眼裡容不下沙子。可現在的情況卻是：如果一個人眼裡容不下沙子，那這個人在現代社會根本無法容身。對於職場人士來說，「睜一隻眼，閉一隻眼」的處事態度才是職場的最高境界。

職場從來就不是一塵不染的佛門淨地，各種頑固惡習都可能在這裡生根發芽，這種利益紛爭、勾心鬥角每天都在上演。如果你不懂得圓滑變通，一味地「堅持原則」，一見路不平，立馬就去鏟；對於看不慣的事情，總想去管一管；如果沒有權利去管，也會站出來痛陳其弊。你的表現很「英勇」，也有很多同事向你豎「大拇哥」，但是你要清楚，其實你離「犧牲」也不遠了。而這種「犧牲」除了給別人留下茶餘飯後話題，完全沒有任何的實際意義。

我們要明白這樣一個道理，每個人的世界觀和人生觀都不相同，你認為不對的事情在別人眼裡也許就是正確的，你認為很偉大很崇高的事情，別人可能會覺得很愚蠢很好笑。所以，請收起你的

愚蠢和魯莽，別讓自己在職場裡做無謂的犧牲。千萬不要因為一粒小小的沙子，而枉送了自己的「職場性命」，這樣的代價太沉重了。

梁磊在一家著名的跨國保險公司上班，當初他就是衝著這家公司的品牌跳槽過來的。可是進到公司以後，梁磊發現，除了他和少數幾個同事以外，其他大多數同期的人，居然都是透過關係進來的，根本沒有走正常的招聘流程。有的人甚至連高中都沒畢業，靠買來的假文憑矇混過關，更別說懂英文、會電腦了。

這讓梁磊驚訝大失所望。

很自然地，一些有「技術含量」的工作就落在他們少數幾個人肩上。每天除了幹好本部門的事情外，還要支援其它部門，主管還美其名：分工不分家，多給大家鍛鍊的機會。而那些整天不做事、仗著有後臺、只會拍馬屁的人，卻地位漸長、活得很是滋潤。

也有人提議叫梁磊給主管送送禮、拍拍馬屁。雖然梁磊自己不願意這麼做，但也沒有去阻止別人。他要做的是，一如既往地做好份內的工作，開開心心地完成每一項工作。因為，開心也是一天，不開心也是一天，既然選擇了這個行業，選擇了這家公司，他就必須堅持做下去。任何地方都有不平等，眼裡必須要容得下沙子，但梁磊會時刻告戒自己：在心中留下一片淨土。他的底限是：絕不同流合汙。

要想在職場生存，眼裡就要容得下沙子，自己無力改變的，那就換個角度去適應它。

詭道5：能屈能伸真丈夫，好馬要吃回頭草

在職場裡，許多企業有這樣一條不成文的規定：對於離開的員

工不再錄用；對於打算離開的員工不再重用。而員工中間也流行著這樣一句職場「金言」，叫做「好馬不吃回頭草」。不過，這一職場規則正在悄悄發生改變：一些曾經離開的好馬重新回到老東家；一些大企業也欣然接納這些吃回頭草的好馬。

好馬不吃回頭草，但是在職場上需要的是能屈能伸的真丈夫。在一定的時候要學會吃「回頭草」，雖然說「此處不留爺，自有留爺處」，自己有能力並不代表在前進的道路上可以所向披靡，吃「回頭草」不是沒有出息，相反則是一種智慧。

這裡有一個小故事。兩匹馬在草原上吃草，它們走了很久終於找到了一塊草木茂盛的地方，於是開始大吃起來。甲馬吃得很快，很快就到了乙馬的前頭。乙馬見狀，為了不落後，也加緊了腳步，卻把很多的草都踩在了腳底，糟蹋得不成樣子。

好草畢竟不多，它們很快就吃完了。乙馬舔著嘴巴說：「這裡的草太少，我們再去別處尋找吧。」

甲馬說：「不行，時間不早了。」說完回過頭去吃剛剛吃過的草。

乙馬大驚：「你怎麼吃起回頭草來？好馬不可以吃回頭草的！」

甲馬回答：「在這個時候，回頭草也是香甜的。」

乙馬堅持不吃，說這是牠做馬的原則。甲馬笑笑，沒有理會，埋頭去吃剛才吃剩下來的草。第二天，主人準備遷徙，馬兒又必須忍受長途跋涉的辛勞。甲馬由於第一天吃了很多的草，幾乎沒費什麼力氣就堅持下來，而乙馬則很快就累得趴下了。

在這個世界上，有很多東西都是可以改變的，前人說過的話，總結的經驗，雖然有一定的道理，但未必全對，它們只是你的參考和借鑑。世易時移，環境變了，做人做事的方法也必須隨之改變。

很多時候，我們必須學會變通。吃回頭草的馬不一定就不是好馬，而且很可能是善於變通的、能夠適應生存環境的、聰明的馬。職場上也是一樣，不要堅持一時的所謂的「骨氣」，過分堅持了就會變成傲氣，一旦形成了孤傲的性格，就顯得與周圍的環境格格不入，到最後就容易成為孤家寡人。

很多職場人都有「這山望著那山高」的毛病，頻頻跳槽。有不少人跳過去以後才知道，原來心目中的好公司其實也不過如此，甚至還不如自己原來的單位，自然是追悔莫及。還有一種情況是，原來的單位由於某種原因獲得了生機和活力，公司面貌煥然一新。如果你還有機會讓自己「重回到從前」，那就應該拋掉一切顧忌雜念，毫不猶豫地回過頭去，用自己的實際行動證實自己是一匹好馬。不過，「回頭馬」重新投到老東家門下，一定要放低身架，放平心態。儘管很多業務你已經非常熟悉，但畢竟你曾經背叛過公司，所以你一定要低調，盡快做出成績，讓老闆明白你是一匹「迷途知返」的好馬。

★詭之辯

職場上的很多事情，其實並沒有所謂的標準答案。同樣一件事情，在不同人的眼裡，就會有不同的看法。譬如吃飯，有人愛吃青菜蘿蔔，有人愛吃大魚大肉，你很難說哪個好吃哪個不好吃。而且，那些在你看來是有問題的事情，在別人眼裡卻未必有問題。所以為人處事的時候，你可以認真，但不可以太認真。

囿於傳統思維的人們，如果不及時改變觀念，很難在現代職場上生存立足。很多時候，我們需要換一個角度換、換一種思維方式，不能「一條道跑到黑」，免得到頭來發現自己堅持的那些所謂「原則」、「氣節」，根本就毫無意義。保持一份樂觀向上的工作心態，再輔以圓滑靈活的處事作風，可以使你在職場上遊刃有餘，無往不勝。

小結

有一首歌唱得好：「把握生命裡的每一分鐘，全力以赴我們心中的夢，不經歷風雨怎麼見彩虹，沒有人能隨隨便便成功......」是的，每個人都會遇到挫折和不如意的事情，尤其是剛剛步入職場的人士，面對各方面的壓力和挑戰，我們只能頑強地戰勝自己的消沉和軟弱，要適應環境，而不是環境來適應你。只要透過自己的努力，磨練自己的意志和毅力，堅定地走向真理，就能夠看見風雨過後的彩虹，取得更大成功。

職場如同競技場，人的一生幾乎一半以上的時間在職場中拚搏，然而不少職場人卻總是「鬱鬱寡歡」，尤其是剛剛步入工作環境的年輕人。他們表示自己不快樂，抱怨工作不順，認為自己收入太少，在單位受不到重視等。「我本將心向明月，奈何明月照溝渠。」這句話最能體現他們的心聲。

然而無論你是多麼優秀的人才，在剛開始的時候，都只能從最簡單的事情做起，要適應職場中的規則。在這些規則面前，也許你感覺到極其無力，甚至滿腹抱怨，心情鬱悶到了極點。試著打開思路，換個角度看問題，你就會覺得事情原來沒有想像得那麼糟糕。

第11章　以上司為榜樣，向上司靠攏

對於企業員工來說，以上司為榜樣就意味著尊重你的上司，學習你的上司，執行上司給你的任務，只有這樣才能在企業中獲得上司的賞識，並腳踏實地地前進。而對於一名領導者來說，「以上司為榜樣」無疑就像時刻提醒自己要以身作則的警鐘，令自己時刻保持高度的責任感。

也許在你的眼裡，上司根本就是一個乏善可陳，既無能力學歷，又無魅力活力的人。但是，你一定要明白，他既然能成為你的上司，就一定有他的過人之處。無論你的上司是用何種方式走上領導位置的，從中都有你可以學習的為人處事的技巧。

正道：把上司當成自己的老師

案例故事

張萱萱剛剛大學畢業的時候，在一家外資企業工作。當時她的上司是一個三十歲左右的男士，穿著非常職業，永遠是亮的皮鞋、乾淨的襯衫、筆挺的西裝，頭髮一絲不亂，每天都是氣宇軒昂地出現在公司同事面前。有時，公司為了趕工不得不通宵加班，結束時員工們個個蓬頭垢面、睡眼迷離，唯獨上司還是西裝筆挺，整整齊齊，甚至連眼神都是那樣堅定而執著。

一次，張萱萱和上司一起去客戶那裡上門推銷，連續走訪了二十多家都吃了閉門羹。張萱萱此時的情緒已低落到了極點，她焦躁地擺弄著背包，真想就此放棄，她真想和上司說「不如我們先回去，明天再來吧」。但上司似乎毫無疲態，從那挺直的身型中，竟看不出一絲失意的跡象，他堅持要繼續下去。上司要張萱萱去洗手間整理一下那被風吹亂的髮型，並微笑著告訴她不要灰心。結果，一天下來，他們竟成功地拿到了六份訂單。

自從經歷了這件事情之後，張萱萱不管遇到怎樣的挫折都咬牙堅持，同時也學著和上司一樣，特別注意自己的儀容儀表並把心態調整到最佳的狀態，不管走到哪裡，遇到什麼困境，都保持整齊端莊，並始終以微笑的姿態出現在客戶的面前。

現在的張萱萱已經是一家國際知名大企業的銷售經理了，她回憶起原來的上司時常說，上司教會了她很多東西，讓她知道了鍥而不捨的重要性，使她懂得在人生當中，即使是失敗，也必須要保持美好的姿態。這就是一個優秀能幹的上司對下屬所產生的巨大影響。

有很多下屬對外人給予的一點好處都銘記在心，但對上司給予自己的幫助卻視而不見。這其實是一種很大的認知偏差，所以下屬與上司之間總有一道跨不過去的鴻溝。我們強調，對人要感恩，對事要盡力，對物要珍惜，對已要克制。要懷著一顆感恩的心，在職場中，真心真意地感謝你的上司，然後以上司為榜樣，向他學習。對於上司的缺點，也不要過於計較，你要明白一點，「金無足赤，人無完人」，我們應儘量去發現上司的優點和長處，而不是緊盯著他的缺點和短處。只有這樣，你才能融化與上司之間的種種隔閡，做上司眼中的好下屬。

正道1：對你的老闆，應該心存感恩

一個人只有心存感恩，才是具有完美人格的人，才會得到外界的認可。只有心存感恩，你才會更加盡心盡力地去工作，完成老闆交給你的任務，得到老闆的信任。

我們很多時候，可以為一個陌生人的點滴幫助而感激不盡，卻無視朝夕相處的老闆的種種恩惠。有不少人將工作關係理解為純粹的商業交換關係，相互對立理所當然。其實，雖然僱傭與被雇是一種契約關係，但是也並不至於完全對立。從利益關係的角度看，是合作雙贏；從情感關係角度看，可以是一份情誼。

老闆給你提供了一份工作，並且容忍你的錯誤，等待你的成長，等待你從一名青澀的職場新人成長為一名職業精英，為你的每一次錯誤付出代價。難道你不該對老闆感恩嗎？感謝他對你的信任，感謝他給了你這份工作，感謝他讓你有機會證明自己的實力。

有位資深的職業經理人曾說：「是一種感恩的心情改變了我的人生。當我清楚地意識到我無任何權利要求別人時，我對周圍的點滴關懷都抱強烈的感恩之情。我要竭力回報他們，我要讓他們感到快樂。結果，我不僅工作得更加愉快，所獲的幫助也更多，工作也更出色。」

的確，當你心懷感激，盡心竭力地將自己的才能「奉獻」給公司的時候，老闆也一定會「心中有數」，他除了會為你提供展示才華的舞臺外，還會給你一份不菲的薪水和待遇。

一位曾經聘用過數以百計員工的人力資源經理曾經談起自己招聘人的心得：「面談時要想知道一個人思想是否成熟，心胸是否寬大，只要聽聽他對剛剛離開的那份工作說些什麼就知道了。前來應聘的人，如果只是對我說過去僱主的壞話，對他進行惡意中傷，這種人我是無論如何也不會考慮的。」

老闆因為信任你，相信你能把工作做好，所以給了你薪水，給了你機會。不要忘記了，這時候他也是冒著風險的。無論是出於什麼樣的原因，你都不該在背後說老闆的壞話。如果你們之間有什麼誤會，那就努力消解。對待老闆的態度應該是，在感恩心態的基礎上，尊敬他、欣賞他、向他學習。

如果你對老闆心存感恩，那麼公司的明天必將充滿濃濃的人情味，你也會盡職盡責地工作，收穫更大的成功。心存感恩，你的生活就會改變，你的工作績效也將會與眾不同。

正道2：以上司為榜樣，尊重你的上司

「以上司為榜樣」，作為西點軍校校規的一條，200多年來也被所有的學員所謹記和遵守。它體現了對上司的尊重與服從，更是一種對於上司、對於軍隊的忠誠。在軍隊裡，軍官幹的事情和士兵是不一樣的，他們負責的是全局，對整個事件負責，而士兵要做的就是服從，二者做事的性質截然不同。著名的巴頓將軍就曾經被佈雷德利將軍這樣評價：「他總是樂於並且全力支持上級的計劃，而不管他自己對這些計畫的看法如何。」

在職場上，常常有下屬這樣抱怨自己的上司：「他一天到晚就坐在老闆椅上，什麼事情都不幹，把事情交給我們就舒舒服服地坐在那裡，遇到這樣的上司我該怎麼辦呀！」說這種話的人大多很年輕也很天真，你首先要記住的是：上司稱不稱職不是由你來考核，你的任務就是把該做的事情做好。其次你要明白：上司的工作性質與你是不一樣的。很多老闆在公司裡什麼事都不幹，成天陪客戶吃飯，打高爾夫，可那就是工作的一部分。

在西點軍校，歷來強調「以上司為榜樣，尊重你的上司」。這句話同樣適用於職場。那麼，我們該如何去理解和把握這句話呢？第一，我們每個人的職責權限都是有一定範圍的，無論你地位多高，都必須向另外一個更高的管理者負責，從這個層面來看，沒有

上司的支持，我們就很難獲得成功。所以，我們必須消除一切猜疑，對上司保持足夠的尊重，不折不扣地服從上司的工作指揮。第二，要時刻保持一顆感恩的心，對上司充滿感激之情。上下級之間是一個什麼樣的關係？是一種交換關係，但這種關係並非只是簡單膚淺的物質交換，因為除了薪水，你還可以獲得其他的東西，比如經驗、知識、成就感以及快樂等。如果你具有這樣的觀念，就會感覺到上司美好的一面。

強調「以上司為榜樣」，其實是從側面強調下屬的尊重和服從。試想，一個瞧不起上司，認為上司沒有什麼值得自己學習的人怎麼可能謙遜禮貌，受人歡迎？怎麼可能忠於公司呢？怎麼可能服從上司的命令並且完美地執行呢？以上司為榜樣，可以讓你避免去犯那些低級的錯誤。作為上司，他比你更瞭解全局的情況，更清楚企業的根本利益在哪裡，從而根據客觀環境做出最正確的決策。在這樣的情況下，作為下屬，你所要做的就是以上司為榜樣，竭盡全力做好你應當做的。

以上司為榜樣，但是並不是絕對地盲從上司，不是愚忠。或許你並不認為上司有什麼優點，但是你仍然應該以他為榜樣。因為他之所以能成為你的上司，就必定有其超越你的地方，而這個亮點就是你應該學習的方面，也應成為你尊重上司的原因。

正道3：向上司看齊，向上司學習

職場上遇到一個工作能力強的上司，就像是求學時，遇到一個好老師，是一件非常幸運的事情，在他的手下工作，你可以學到很多東西。上司之所以能當你的上司，肯定有他的過人之處。因此，你不僅要從書本上學習各種知識和技能，還要向你的上司學習。只有這樣，你才能在工作中與上司配合默契。

每個人選擇工作的目的各有不同。有的是想得到一份穩定的工作，以養家餬口；有的想以此作為跳板，以期未來有更好的發展，找到更好的工作或者創辦自己的事業。在這些前提下，如果你想一直待在公司裡工作，就必須認清形勢。出色的上司無疑需要更加出色的下屬，作為下屬，你應該以十二分的精神來面對工作，稍有差錯，滿足不了上司的要求，可能就會被炒魷魚。因此你要積極主動地向上司學習，以提高自己的業務能力和專業技能；必須不斷進步才能為強勢的上司所喜歡所認可。如果你是一個目標遠大的下屬，有信心與能力創造自己事業的輝煌，而遠大的目標需要更好的知識和更多的經驗來鋪路。現成的榜樣就擺在你的面前，上司工作出色，能力卓著，你可以充分地向上司學習，上司的今天可能也就是你目標中的明天。

作為下屬，應該經常去發掘上司身上的各種優點，努力向他們學習，以期把這些優點變成自己的優點。下屬只有學習上司的這些優點，才能為自己的成功打下堅實的基礎，所以一個優秀的員工必定是一個善於向優秀的上司學習的好職員。

善於學習的人往往也是一個能接受批評的人，這是獲得成功的一個很重要的因素。美國的富蘭克林曾經說過：「批評我們的人就是我們的朋友，因為他們指出了我們的錯誤。」不能接受他人批評，不能進行自我批評的人，在某種程度上是一個獨裁者，一個頑固不化的人。謙虛使人進步，驕傲使人落後。善於學習的人有自知之明，能把自己的缺點變為優點。松下幸之助之所以能成為日本的管理之神，正如他所說的那樣：「我有三個缺點，都被我變成了優點：第一是家裡很窮，只有奮鬥才能成為富人；第二是沒有受過良好的教育，必須依靠自學才能獲得知識；第三是身體不好，所以懂得要依靠別人。」

總之，作為下屬，你要善於向上司學習，只有這樣，才能不斷進步，才能在激烈的職場競爭中立於不敗之地。

★正之解

我們可能為一個陌生人的點滴幫助而感激不盡，卻無視朝夕相處的上司的種種恩惠，將一切視之為理所當然，並將上司對自己的種種恩惠看成是一種商業交換，這就是上司跟下屬一直矛盾不斷的原因之一。

你與上司之間，的確存在僱傭與雇傭的契約關係，但是捫心自問，難道在這種契約關係背後就沒有絲毫感恩的成份嗎？不要一味認定上司和員工是對立的，我們不妨換個角度——從商業的角度來看，它其實是一種互利雙贏的關係；從情感的角度看，其中還包含著一份珍貴的情感認同。

你有沒有讓上司知道你在工作中一直都是以他為榜樣、向他學習？你有沒有當面向他表示感激，感激他給了你愉快工作的機會？這種頗具創意的感謝方式，會讓上司對你另眼相看。事實上每個人都明白知恩圖報的道理，你對上司忠誠，上司也會給你回報，這個回報就是賞識你，重用你，並給你升職加薪的機會。

詭道：讓上司感覺到你在用他的方式做事

案例故事

麥克在公司工作3年之後，老闆把他調到了另外一個重要的部門，這個部門的主管是跟隨老闆20多年的老員工，性格比較偏執，公司很多人包括老闆都讓他三分。老闆把麥克調到這個部門的本意是培養他，準備在部門主管退休後接替他的工作。部門主管也猜到了老闆的意思，所以，麥克一到這個部門，他就對麥克冷言冷語。開始的時候，麥克對這位主管百般忍耐，希望可以與他和平共處，畢竟他對這家公司的薪水和環境還是很滿意的。可後來麥克發現，對待這種人總是忍讓是不行的，他根本不領情，甚至越來越變本加厲，大有不把麥克攆出這個部門不罷休的勢頭。所以，麥克也開始了反擊，並和他大吵了幾次。部門主管的心思是司馬昭之心路人皆知，老闆也心知肚明，但是他一直保持沉默，裝做不知道……

麥克不得不深思，這是為什麼呢？老闆的意思很明白，部門主管雖然脾氣不好，對人刻薄，但是對待工作卻是兢兢業業，深得老闆信任，在麥克還不能獨立承擔部門的工作之前，老闆是不會和他翻臉的，想通了這些道理之後，麥克不再糾結於部門主管對他的態度了，而是想著怎麼緩和與他之間的關係。

部門主管畢竟不是一個心眼很壞的人，甚至很多地方很正直，於是麥克改變了策略，先藏起對他的敵意，每天主動露出笑臉和他打招呼，遇到問題主動和他溝通和解釋，和他意見不統一的時候，也不再強調自己的觀點，儘量和他取得一致……後來，他們慢慢成為了朋友，這位主管也開始放手讓麥克獨立處理問題，使麥克迅速成熟起來。對此，老闆很滿意，他覺得麥克是在用他希望的方式做事。

當你與上司發生意見分歧時，最好的處理辦法就是你轉換思考角度，學著像上司一樣思考問題。這樣，你才會正確理解上司的意圖，毫無怨言地執行上司安排的任務。並且，你還可以逐步培養出宏觀決策、全面統籌的能力。這對你來講，是一筆不小的財富。往往正是因為具備了這些能力，你才比別人更容易獲得晉升的機會。

詭道1：讓上司的經驗為你所用

人生下來就有模仿的天性，很多家庭的父母為了培養幼兒的反應能力，讓孩子「擠眉弄眼，抓耳撓腮」。剛開始的時候，孩子總是反應不過來，常常不知所措。於是，大人就一遍又一遍地做給孩子看，示範幾次之後，孩子便開始試著自己做。做了數十遍之後，孩子便慢慢成了「擠眉弄眼，抓耳撓腮」的行家了。這也許是我們一生當中的第一次模仿。類似的模仿在我們的人生旅途中還會出現很多次。實際上，模仿是一項非常重要的學習方式，它是我們學習知識和獲得技能的重要手段和途徑。

具有一定工作經驗的白領都知道，在職場中，模仿上司是提高自己能力和水平的捷徑之一。提升自己能力的好辦法之一就是去觀察你的上司，欣賞你的上司，不遺餘力地把上司的技藝學過來，好讓自己在最短的時間內以最完美的姿態完成職場上的蛻變。

有一次小梁跟隨老闆去談生意，因為計劃要保密，因此談判雙方都沒有帶很多隨行人員。四個人談了整整一個晚上，彼此都很有誠意，談判氣氛非常融洽，並達成了初步意向。談判結束後，小梁詢問老闆的意見，老闆說：「從對方兩個談判代表的談吐表現來看，我覺得他們很有誠意，可以考慮跟他們合作。」

這句話說起來很簡單，但實際上並不簡單。因為要想在第一次接觸中，就判定對方是否可以長期合作，這需要極高極強的分析判斷能力，要想擁有這種能力必須經過長期的鍛鍊。

老闆還告訴小梁：談判的時候，如果對方開價太高或出價太低，而且以勢壓人、以大欺小，這種情況就表明對方在談判中缺乏誠意，自然也就談不上真誠合作；一旦你對對方產生了這樣的印象，就會在心裡產生心理障礙，對對方的好感也會大打折扣，並由此引發很多副作用，從而使雙方的合作受阻；即使勉強談下去，也不會有什麼好結果，只會浪費彼此的時間與精力。小梁覺得老闆的話很有道理。

跟隨在上司或老闆身邊，最大的好處就是能在每一次的商業活動中收集訊息和累積經驗。你可以從老闆那裡學到很多有用的東西，而這些東西都是老闆長期工作經驗的結晶，你完全可以「得來全不費功夫」。

詭道2：讓上司感受到你的忠誠

你有沒有經常向上司請教有關工作上的一些問題？或者請他對自己的工作提供一些指導和建議？如果沒有，那請你從現在起，改變原來的做法，儘量多向上司發問。下屬向上司請教，並不可恥，有成就感和自我實現願望的上司，都希望他的下屬來問他。下屬來詢問，表示尊重上司，看重上司的決定；另一方面也表示他在工作上有不清楚不明白的地方，徵求上司的意見，能使他少犯或不犯錯誤，這樣一來，上司才能放心地把工作交給下屬去做。

如果你裝作什麼都懂，所有的事情都不問上司而想自己搞定，上司會為你是否會在重大問題上自作主張而產生擔憂。對於那些比較重大的問題，一定要多問問你的上司，「關於這件事，有個地方我不敢擅自做結論，請您看一下」或者「這件事依我覺得這樣做比較好，不知經理認為應該怎樣」等等。

在職場上，必須時刻牢記：上司永遠是決策者和命令的下達者。無論我們有多大的把握，多相信自己的判斷力，無論你替上司決定的事情有多微小，都不能忽略上司同意這一關鍵步驟。否則，當上司意識到本應由自己拍板的事情，被屬下越俎代庖，他所產生的心理上的排斥感和厭惡感，以及對於下屬不懂規矩的氣惱，足以毀掉你平時憑藉積極努力所換來的上司對你的認同。所謂「一招不慎，滿盤皆輸」，莫過於此。

忠誠在現代社會意味著值得信任。通常你忠誠對待別人，別人也會對你真誠、友好。尤其在職場中，上司或老闆都喜歡有忠誠感的下屬。任何人都不能容忍或原諒別人對自己不忠誠，尤以上司為甚。上司最需要對他忠心耿耿的下屬。

古往今來的很多事例顯示，不忠誠的部屬往往會造成莫大的危害，與其共事無異於養虎遺患。因此，不論你的學識多麼豐富、能力多麼突出、工作多麼積極，如果不能對上司表現出忠貞，就很難獲得他的重用與提拔。許多管理者在挑選下屬時，寧可要那些能力平平但誠實可靠的人，也不願要那些非常精明能幹，卻不夠忠誠的人。雖然這並不說明上司只挑選可以控制在手中的人，但至少說明他們最需要、最喜歡的，是對他們表現出無限忠誠的人。

詭道3：讓你的上司「同情」你

通常情況下，人們都不願去找上司給自己辦私事，上司盛氣凌人的「架子」和目無下塵的「面子」，讓很多下屬望而卻步。一般下屬不到萬般無奈和迫不得已，是不會讓上司為自己的私事煩心。對人情世故相對成熟的下屬來說，不經過深思熟慮，只靠腦門兒一熱便去找上司辦事的人寥寥無幾。按照一般經驗來說，有如下一些事情是下屬們經常要找上司出面辦理和幫助解決的。

1.與自己工作有關的利益。比如調職、升職、加薪、調停與同事之間的矛盾、平息一些不利於自己的言論或輿論。這類事能否辦到，關鍵在於你在上司心目中的位置如何。位置高了，他會把利益的平衡點放在你身上；位置若是低了，則必須借助外在的或間接的力量起作用方能把事辦成，否則便只能充當各種利益的旁觀者了。

2.與社會生活有關的利益。這包括借貸、買賣、調節各種社會矛盾，為自己或朋友謀取某種利益等。辦這類事情，上司一般未必直接出面和直接行使權力，但他們的間接活動，譬如打個電話，或幫你引薦一下，常常能造成非常好的效果。

3.與家庭關係有關的利益。這包括夫妻關係、兒女關係、親戚關係等。這些關係所涉及的利益有時不能得到滿足或受到了傷害，而自己又無力實現或保全，於是只好找上司幫忙，懇望他能出面干預或施加影響。如為子女找學校，幫助妻子調動工作，幫助某位親戚安排工作等。

正是因為有以上這些利益關係，你才可能去找上司給你辦事。這些事情幾乎都可以涵蓋在「困難」二字之下，如經濟困難、情感困難、地位困難等，找上司辦事，無非是請他們幫助解決這些困難。是困難就有一些苦衷，要想把事情辦成，最好的方法就是把這些苦衷恰如其分地表達出來，使上司產生同情心，從而幫你把想辦的事情辦好。

要引起上司同情，必須瞭解上司自身的人生經歷和社會閱歷，上司如果曾經有過類似的感受，那麼就容易得到同情，從而得到支持和應允。要引起上司同情，必須在人之常情上下功夫，必須把自己所面臨的困難說得在情在理。所以，越是那些給自己帶來巨大遺憾和痛苦的地方，就越要重點強調。這樣，上司才願意以拯救苦難的姿態伸出援助之手，讓你對他感恩。因為大凡能激發人的公正之心、慈悲之心和仁愛之心的事情，都能引起人們的同情和幫助，還能使人在幫助之後產生一種偉大的濟世之感。

要引起上司同情，還必須瞭解上司的好惡，瞭解他平時愛好什麼讚揚什麼，憤慨什麼鄙視什麼，瞭解他的情感傾向和對事物善惡清濁的評判標準。

所以，巧妙地透激動發上司善良的同情心辦事，有時能收到「以情感人」的奇效，它甚至比「以理服人」更能打動上司的心靈，更能促使其伸出仁愛之手。如果上司如你所願，幫你把事情解決了，無疑你與上司的關係就更近了一步，慢慢地他也會把你看成是「自己人」。

詭道4：時刻維護上司的尊嚴

人都好面子，都有自尊心，上司更是如此。在職場上要想獲得上司的賞識和重用，就要懂得時刻維護上司的尊嚴和權威，為此，我們要懂得這樣一條紀律：把榮譽留給上司，過失留給自己。

有時候，為了讓你的建議得以實施，可以讓上司代你接受因你的設想或發明而得到的榮譽。雖然有很多下屬不太願意這樣做，但那些聰明的下屬卻往往贊同這種做法。如果你與上司的關係十分牢固，會發現這種做法將會有利於你長遠利益和奮鬥目標。有位成功學大師曾經這樣說過：「一個人在世界可以有許多事業，只要他願意讓別人替他受賞。」

假如你有某一項工作完成得很好，老闆為此十分高興，在你向公司遞交工作報告的時候，你一定要記得加上「在某某主管的大力支持和親自指揮下」、「由於某某經理的傑出才幹，任務才得以完成」等等這樣的話語。即使這位主管對你所做的事情一竅不通，主管雖然知道你是在說虛話巴結他，但他依然會很高興，因為動聽的假話比難聽的真話，更容易被別人接受。

另外，如果你的上司因為某件事情而當眾下不來臺，你一定要勇敢地站出來承擔「罪責」，替他受過，為他解圍，日後他必定對你有所回報。

作為下屬，你要時刻牢記：維護上司的尊嚴是你的職責所在。為此，你應該做到以下幾點：

1.與上司保持距離

你在履行工作職責的時候，要始終與上司保持一個應有的距離。不要以為與上司私交好，就可以「三分顏色開染坊」，這是做下屬的大忌。有時候，上司會在心情輕鬆時，跟你開幾句玩笑，或者在下班之際，邀你一起去消遣一下，態度上可能會顯得較為親近和隨便。如果你因此而忘了自己的身分，出現上下不分、「以下犯上」的情況，則會引起上司反感甚至當場翻臉。你要謹記自己的身分，應該把上司的這種隨和視為例外，而不能將其視作常規。

很多時候，上司也會向下屬表示自己的民主、隨和、平易近人，他會在可能的範圍內，抓住一切機會，拉近自己與下屬之間的距離。這除了顯示自己沒有架子之外，還可以令下屬消除心裡障礙，遇到有什麼問題時，敢於去找上司解決。當上司盡他的本分對下屬特別親切時，你可千萬別「順竿往上爬」，忘記了自己的身分，你應該始終應跟上司保持一個應有的距離。這個距離是你向上司致以最高敬意的表示。

2.要注意尊卑有序

在家庭裡，要懂得長幼有別；在公司裡，也就要明白尊卑有序。只有這樣，才能秩序井然，而不至於亂了章法、壞了規矩。例如：下屬不等上司，自己先上了飛機；主管還沒舉杯，自己就先喝上一口……類似的事情經常會在一些年輕人身上發生。這固然有年輕人缺乏職場經驗的原因，也是因為他們沒有凡事動腦筋想清楚其合理性後，才採取相應的行動。

很多年輕人缺乏尊重上司的主動意識，自以為是、我行我素。的確，勞資雙方在法律地位上是平等的。所謂平等的意思是勞方出勞力、資方出資金，各出所有，配合辦事。但要注意的是勞方所貢獻的勞力，是一個總稱，應包括勞方對資方的合理服從、基本尊重、忠心耿耿等因素在內。總之，在公司裡，你一定要明白「尊卑有序」，不要天真地以為你與上司與老闆之間是平等的，以為你們可以在一起平起平坐。

3.別在上司面前擺闊

上司是你所在的團隊的靈魂人物，他的威望是不言而喻的。成熟的職場人士是不會愚蠢到去冒犯上司權威的。但有時候，你會發現上司突然對你很冷淡，而你自認為並沒有做錯什麼，可能令你百思而不得其解。實際上，之所以會有出現這種情況，很可能是因為你不知不覺中在某些地方犯了忌，比如你「一不留神」表現得比上司還有錢，這會讓上司覺得很沒面子。

有位剛剛工作不久的女孩，家庭條件非常優越，而且單純、富有愛心。在一次賑災捐款中，她拿出了當月的全部薪資30000元。第二天，公司大門口張貼了「獻愛心光榮榜」，女孩的大名居然和董事長並列第一，比總經理整整多了10000元，而那些普通員工大多都是500到1000元。雖然在公司大會上，董事長熱情洋溢地表揚了她，但總經理卻只是不痛不癢地說了幾句，其他同事則酸溜溜地表示要向她學習。私底下卻有很多人在小聲嘀咕：「她境界高嘛，我們是心有餘而力不足啦！」從那以後，她總覺得總經理和其他同事看自己就像看外星人似的，女孩為此傷心地哭了好幾個晚上。

這就是無意之中表現得比上司更有錢的後果。雖然這位女孩本意並非如此，但在總經理看來，她不僅是在向他擺闊，更像是在向他示威。給上司造成了這樣的印象，女孩在公司裡自然也就沒什麼好果子吃了。

詭道5：這樣「效忠」你的上司

古今中外，任何一位上司都希望其下屬忠於自己。瞞天過海的欺騙伎倆和明修棧道、暗渡陳倉的計謀，早晚會被你的上司看穿。退一步說，即使不被你的現任上司所洞察，也會被其他人發覺而對你嗤之以鼻，或者在忐忑不安中落個「多行不義必自斃」的下場。因此，倘若你不忠於自己的上司，卻戴著假面具，擺出一幅效忠的樣子，這樣過日子太辛苦。

有些人可能會想，我應該「效忠」的是公司，沒有必要去「效忠」上司。總體來講，這樣想沒什麼錯誤，你拿的是公司的錢，幹的是公司的活，與上司個人無關。可問題是，你拿多少錢，什麼時候拿，你幹什麼活，給你多少時間以及什麼支持，這些是上司說了算的。明白了這一點，你就會明白「效忠」上司有多麼重要。

職場上有很多思維不會拐彎，從不去關心自己的上司是如何評價自己的，抱著「公理自在人心」的心理和「不做虧心事、不怕鬼敲門」的心態，遇到矛盾或誤會的時候，自己安慰自己。結果，事事不順，處處碰壁。

知道了要「效忠」上司這還不夠，還要讓上司知道你是「效忠」他的。關於這一點，本書的前面已經做了介紹。接下來的問題是，你該如何向你的上司「效忠」。「效忠」二字，說起來容易做起來難。以下有七點總結，倘若你有沒做到的方面，可能就會影響你與上司之間的關係。

1.以上司為終極請示對象或終極報告對象。意思就是不要無視上司的存在，不可輕易地越級報告或越級請示，尤其是在你頂頭上司不知情的情況下，你向上司的上司報告或請示，他會認為你背叛了他。當然，如果事情緊急而他又不在場，那就另當別論。即便如此，在你越級報告之後也要及時向他補報，切不可為能與上司的上司交流而自豪，逞一時的暗自歡喜，而埋下後患無窮的禍根。

2.不在自己任職的部門裡「興風作浪」。你在本部門的任何作為，如果威脅到上司進一步受到重用，影響到上司升官發財的前途，他就會覺得你背叛他。所以你必須小心謹慎，不做對上司有不利影響的事情，尤其是那些缺乏自信心的上司。

3.不讓外界勢力介入上司的管轄區內。假如你發現原來你與上司可以攀上一定的關係，於是就以此為榮，四處炫耀，並打著上司的招牌拉攏內部人際關係，甚至把與你私交不錯的其他人員也引薦到自己的部門，那麼時間久了，上司就會對你產生反感，認為你有非分之想。

4.不能抗命，特別是第三者在場時。不聽話、公然違抗命令，尤其是有外人在場時，如果你當面頂撞上司，不服從工作安排，甚至摔門而去，這幾乎罪上加罪的事情，一定會使你的上司惱羞成怒。

5.當上司即將犯錯時，應及時提醒他。「當局者迷，旁觀者清」，當預感到你的上司將要犯重大錯誤時，不可抱著看笑話甚至落井下石的想法。這時你若不提醒他，使他真的犯了錯誤，那麼他會認為你是故意整他，讓他陷入尷尬局面，那麼你以後的日子可能會比他更難過。

6.不談論上司的是非。不要在背後議論上司的是非，這個道理很多人明白。古人云「無道人之短，無說己之長」。如果你在背後談論上司的是非，就算沒有惡意，或者只是「就事論事」，那無論你以後在他面前表現得多麼「完美」，他也會認為你是「居心叵測、面和心不合」。萬一有人非要談論你的上司，你也要切記多談些「是」，少說些「非」。你可以不去說假話，但是真話也未必一定要說，至少可以選擇少說或不說。

7.維護或美化上司的形象。上司都希望自己留給別人的是好的印象，也期待著你能美化他的形象。倘若你不能夠做到這一點，他也會認為你不忠於他。因此，遇到這樣的機會，你一定要充分發揮自己的口才，去美化上司的形象。即使他在別人眼裡毫不起眼，你也要為他找到一些「亮點」，從而幫他樹立良好的公眾形象。

★詭之辯

每個上司，都是站在自己的立場上看問題，喜歡按著自己的方式去辦事。你作為他的下屬，要想討得他的「歡心」，就必須想他之所想，急他之所急，讓他感覺你和他的方向是一致的，並且你是在用他的方式做事。如果你不用上司的方式做事，那麼即使把事情做得很漂亮，也會讓上司對你產生「自以為是」的看法。

在職場上，上司就是你的「主人」，掌握著你的「生殺」的大權。上司代表的就是公司就是組織，上司的安排就是公司的安排組織上的安排，你反對上司就是反對公司反對組織。所以，千萬要跟上司搞好關係，成為上司心目中的「自己人」。

上司也是人，他也有各種物質和精神上的需要，雖然說「禮多人不怪」，但給上司送禮卻大可不必，一來你的收入水平比不上上司，送得太輕沒有意思，送得太重又承受不起；二來直接送東西，也讓他有受賄的嫌疑，而且會讓他瞧不起你。你不妨在精神方面多給上司一些滿足，比如以他為師，向他靠攏，為他解圍，為他爭面子等等，要投準上司的脈，投其所好。這樣一來，在你為上司所用的同時，其實他也在為你所用，比如讓他為你加薪升職、為你幫忙辦事等等。

小結

在職場上，最優秀的人不是那些僅僅能力高的人，而是那些既能力高又懂得人際關係和合作藝術的人——這樣的人才會受到組織重用，這樣的人才會獲得更大的發展。上司之所以是上司，一定有其道理存在。他可能專業水平沒你高，知識經驗沒你豐富，甚至年齡和資歷都不如你，但他必定有些方面是超過你的，比如組織協調能力、人際關係能力、分析判斷能力等，而這些都是當主管的必要條件。你之所以還沒有當上主管，成為別人的上司，說明你在某些方面還有欠缺。所以，你要做的不是抱怨和忿忿不平，而是從現在開始，以上司為榜樣，向上司學習。

千萬別瞧不起你的上司，一定要尊重他、愛戴他，並忠心於他。這樣你才能在公司裡如魚得水、遊刃有餘。別太拿自己當回事，你的那些雕蟲小技，在上司眼裡根本就不值得一提，別試圖去欺騙他，更不要試圖去挑戰他，否則，他不費吹灰之力，就可以把你收拾得服服貼貼。向上司靠攏，並向他表示你的忠心，這其實並不難做到，而你因此獲得的益處將是無法估量的。

第12章　辦公室裡的異性們

現代職場，辦公室裡的男女同事交往要講究些學問，交往深了惹來閒話，交往淺了不足掛齒，分寸的確不好拿捏。要想讓人覺得你行得正、坐得端，必須把握好一個尺度。不要忽視男女相處的度，保持好相處的度，能讓你得意地享受職場休閒時間，瞭解公司的內部消息和發展動向，交換工作心得，為自己職業發展鋪路。

正道：他（她）僅僅是你的工作夥伴

案例故事

李娜剛進公司時，蕭偉像個大哥哥一樣，工作上李娜有什麼不懂的地方，他就馬上指出來，並且給李娜幾個解決方案的思路。這種體貼和幫助給了李娜很大的鼓勵。李娜生活上遇到什麼困難，只要他聽說，馬上會對李娜伸出援手，李娜生病時他也對李娜噓寒問暖。

本來蕭偉對李娜這麼好，李娜應該感激才對，可李娜很反感蕭偉總在公共場合對她表示好感。辦公室是個嚴肅的地方，同事們看在眼裡，嘴上不說什麼，可暗地裡都笑說他們是一對。

李娜很想大聲抗議，可轉念又想，蕭偉確實對自己很好，真的抗議，大家面子上都過不去。李娜心裡矛盾得很。剛開始李娜還以為這種情況很快會過去，可時間一長，她發現自己越來越受不了蕭偉過分的「熱情」，就跟他表明了自己的態度。蕭偉本是一片好心，但因為沒有掌握住分寸，不但沒有做成好事，反而給別人帶了困擾，這是他所沒想到的。聽了李娜的抱怨，他才意識到自己的問題所在。

辦公室中，要注意把握自己和異性同事交往時的分寸。如果你們是要好的同事當然可以多些交流，但最好不要把自己的私生活帶入。特別是如果在婚姻上不如意，對異性同事不宜過多傾訴，否則會被對方認為你有移情的想法。如果同事把你當成聽眾時，你不妨向對方多談談自己婚姻生活中美好的一面，使對方儘早避免對你情感上的投入。

即使是極為默契的異性同事，也只應當在工作上更好地配合，而在日常交往中，不要「親密無間」。

正道1：辦公室男女要會化解性別矛盾

每個人都是矛盾的統一體，人與人之間都會有矛盾。公司的同事之間如果是因為工作原因引起的分歧，那很正常。這種分歧無論在同性還是異性之間，都有可能發生。但如果是因為性別差異而導致的矛盾，那就應該儘量避免。從某種程度上來說，由於「同性相斥，異性相吸」的緣故，化解男女同事之間因為性別差異導致的矛盾其實並不難。

1.理性認識對方特點

性別差異是一種在長期的自然繁衍中逐漸形成的客觀規律，這種規律不會被輕易打破，因此要實現職場中愉快地兩性相處，首先需要雙方學會理性看待這種差異，並且儘量彌補這種差異。舉個例子來說，如果是採購電腦，那麼男性在行動之前，應當充分猜想到女性對於外觀、色彩等方面的感性需求，不要提議購買款式過於笨拙、顏色暗淡的商品；而女性也要照顧到男性關於性能、擴展性等需求，不要一味追求時尚的外表。應當儘量中和兩種觀點，最大限度地實現利益平衡。

2.平和溝通學會妥協

任何兩種意見的溝通，其目的都在於實現最終需求的統一。但是，有時性別差異所形成的主觀感受是無法透過單純溝通而得到改變的。因此，如果男女雙方都誓死捍衛自身利益，不懂得適時的妥協和讓步，那麼溝通勢必將演變成戰爭，辦公室也將隨之變為危機四伏的戰場。因此，在發生意見分歧時，男女雙方在充分陳述完自己的立場和主張後，大可以在考慮大局的基礎上，選擇出一個最有利於實現的方案。如果不牽扯重要的得失，也不妨考慮扔硬幣、抽籤等比較隨機的做法，這樣得出的決定往往使雙方都容易接受，而且不傷和氣。

3.巧妙發揮性別優勢

凡是贊成「男女搭配，幹活不累」的人，大多數都擁有這方面成功的經驗，並且從中獲益。其實，職場男女相處，的確可以透過巧妙地發揮性別優勢，而弱化差異的分歧，使彼此在和諧的氛圍中相互促進，圓滿完成任務。比如，在團隊策略陷入僵局時，男性可以發揮其堅毅、理性的思維特點，致力於分析棘手問題的關鍵所在；而女性則憑藉她們溫潤、恬靜的氣質幫助團隊中的成員疏通情感壓力，放鬆身心。又比如，男性在談判中可以扮演相對統觀全局、辯駁爭論的角色，而女性則適宜專注於這個過程中深入的情感公關。

正道2：辦公室男女相處的準則

如果公司對員工性別沒有特別要求，那麼辦公室裡通常都會有幾位異性與你共事。雖然說異性同事可以活躍辦公室的氣氛，舒展人們緊張的工作壓力，但是，你要注意的是，千萬不要以為同一間辦公室就可以「近水樓臺先得月」，而要多想想「兔子不吃窩邊草」的道理。在與異性同事打交道的時候，你要比跟同性同事打交道，額外多加一些小心。

1.別將性別擺在第一位

做任何工作都不應將性別擺在第一位，工作做得好壞才是真正有價值的。與其強調區分性別，不如強調學會和提高某項專門技藝，這更有助於贏得尊敬。作為女同事，別人認為你柔弱需要照顧，自己可別這麼認為。否則，你永遠擔當不了重任。

2.尊重你的女同事

「女性遲早要結婚生孩子，在辦公室裡就湊合做吧。」這樣看問題是很不對的。然而許多人都持有這種看法。對於女職工來說，她們會非常厭惡這種觀點。要想讓別人對你有好感，就要學會尊重女性。作為男同事，不要總去關注女員工什麼時候生孩子等事情，事實上她們和男性一樣可以把工作做得很好。

3.教訓女性下屬要注意方式

稍加責備，就噘起嘴來生氣，並認真地開始「反攻」，甚至擺開一副與你理論到底的架勢。男人最棘手的事情，也許就是女人這種歇斯底里的反攻。女性比男性更感性，責備她們時應該注意：不在他人面前責備；不把她們與其他人比較。最好在其他人不在場的地方，冷靜而委婉地告訴她，「希望你注意這一點」。

4.對全體女性一視同仁

對剛剛參加工作、地位低下的年輕女子施以同情，或者看到漂亮的女人時不知不覺地庇護起來，這往往是一些男子自然而然做出的事。但是其他女性對這種事情非常敏感：「××先生，喜歡那個女孩子，偏愛她了。」如果不想給造謠者機會，就應對全體女性一視同仁、平等對待，如果確有喜歡的女性，最好到外面去約會。

5.女性，不准撒嬌

「因為我是女性」這樣的撒嬌意識，最好不要帶到工作的地方，尤其是一些私事，如「把東西給我拿來」、「送我回家」等。公司的男性畢竟是同事，都存在工作利益問題，因此不要過分依賴。與其說「這個我不會」、「你幫我做一下」之類的話，不如增強責任心，學會獨立工作能力，男同事會更加尊重你。

6.與戀人保持距離

雖然很多正規的大公司都規定同一部門或同一單位內部員工之間不許談戀愛，可是在一些中小企業，這樣的規定要嘛沒有，要嘛就是形同虛設。其實想一想，這也不奇怪，公司正是適齡青年男女集中的地方，日久生情，本來就是情理之中的事情，但這些相戀的同事常常把戀人和同事之間的角色搞混，辦公室是工作場所，眾目之下，雖見了自己的意中人，也不要過於親密。最佳的處理辦法是工作中與戀人保持距離，將他或她視為自己工作的同事，一切照章辦事。即使你們之間感情再好，也要等下班以後再親近。

7.多恭維女同事

一些女性職員常常毫不客氣地說「我最討厭加班」、「這樣的工作我幹不了」，並對自己的言行不負責任。對於她們的這些做法，不妨給她們戴戴高帽子。例如：「要是你，肯定能做好」，「請你一定幫這個忙」聽到這樣的奉承，看看她還願不願意？

8.對待年長的女性職員

年輕的男性職員如何與年長的女性職員相處，可能是一件頭痛的事。如果男性們工作上先做出了成績，要注意態度樸實、真誠，不要表現出驕狂之態。這樣，對方就會產生對你的好感。與她們打交道，要避開有關年齡、婚姻等個人隱私的話題，這是對他們的禮貌。

9.小心處理辦公室緋聞

如果某位男同事被認為和某位女同事之間走得很近，其他的女同事就會自動地疏遠他。但是，事實究竟如何只有當事人才知道。周圍的人往往喜歡捕風捉影，有一點風吹草動就四處張揚。這一類傳言大都喜歡往歪處想，並有一些既妒又羨的心理。如果當事人因為這種事而覺得很難為情，拚命地向別人解釋，反而會更引起別人的興趣，使得整件事愈描愈黑。對於辦公室緋聞一類的事情，最好是從頭到尾都不要理會。對方看你沒有反應，自然會覺得很無聊，不會一再地傳下去。有時候別人只是猜測而已，你一發表意見反而給對方提供了傳播的素材。

正道3：女性，不要與男上司私下接觸

女性下屬在與男上司相處的過程中，更要保持謹慎，要注意時間、地點、場合和自己的言談舉止，使自己與上司之間的距離不越過正常的工作關係的界限，尤其是避免與男上司私下接觸。那麼，女下屬與男上司私下接觸時應該怎樣把握距離呢？你可以參照以下幾點建議。

1.不要輕易到男上司的家裡去

我們每個人都有這樣的經驗，即當交際雙方的關係已相處到一定的親密程度時，才有可能到對方的家裡去做客。因為家是一個人的私人生活空間，它並不是一個工作場合。所以，女性下屬不要輕易地去上司家裡。一方面，因為它超越了正常工作關係的人際距離，容易讓上司產生誤解，以為你在有意靠近他；另一方面，也容易給心術不正的男上司創造實現不良企圖的機會。

2.工作上的事在辦公室裡談

工作上的事在辦公室裡談，這是避開嫌疑的最好辦法。而且，辦公室裡莊重、正式的氛圍也有助於為上下級的交往營造一個正常的時空環境。

當你要去男上司辦公室談工作時，一定要光明正大，與別的同事打個招呼，必要時還可拉一位同事一起去，進到男上司辦公室後，最好別關門。這樣，別人就不會有所猜疑了，男上司自然也不會生出什麼不好的想法。不要偷偷地溜進男上司的辦公室，這種情況很容易給別人留下不好的印象和想像的空間。女性下屬與男性上司相處，一定要公開、大方，儘量使自己與上司的關係處在眾人目光的監督和保護之下。

3.公共場合更應保持距離

公共場合是一個講究禮儀的地方，我們更應按照既定的社會交往規則所規定的距離處理人與人之間的關係。女性下屬要考慮自己的公眾形象，不要只顧加強與上司的關係，以免使其他主管和同事感到不快。對於那些不注意在公共場合保持與上司的適當距離的女性，其行為是不自重、不明智的。女性的自尊是尤為重要的，自尊會使你頭腦冷靜、心情平靜，不為眼前繁華一時的物慾所迷惑，幫助你站穩腳跟，使你在上司面前沒有可供利用的弱點。

總之，一個懂得尊重自己的人才能夠真正尊重自己的工作，所以不要認為滿足不了上司的需要，就會面臨離職的危險。女性下屬應該注意，異性上下級之間的交往是一個非常敏感的問題，一定要謹慎處理，儘量避免私下的接觸，而應該保持合適的距離。

★正之解

英國就業問題專家曾發表的一項研究報告指出，男性職員若想升職，則必須表現出自己溫柔的一面；而女性職員若想升職，則要展現出其理性豁達的一面。很多人由此發現，原來那些平日裡我們認為專屬於男人或女人的「天性」特質，在競爭殘酷的職場中並非最受歡迎的個人包裝。

在辦公室中，與異性同處一室，兩性關係如果處理不當，不僅會給自己帶來麻煩，還會對公司造成不好的影響，因此，在辦公室裡應時時注意自己的行為舉止。辦公室不是約會場所，也不是家中的起居室，更不是顯示你性魅力的地方。如男性把襯衫敞開，穿著短褲，是對在場女性的不尊重。女性更要注意自己的穿著，千萬不能過分張揚自己的性感，如穿著超短裙和太暴露的衣服。

男性和女性在辦公室均要注意交談的分寸。男性私下常會冒出一些粗話，有人甚至會開黃色玩笑，但在辦公室中不允許有這種事情發生，尤其是有女同事在場之時。

男性在恭維女性時，不要使用挑逗性的語言；女性在向男性表示友好的時候，也要儘量避免挑逗性的動作，以免給對方一種性暗示的錯覺。雖然有時候「辦公室曖昧」並無傷大雅，但是倘若「惹火燒身」就得不償失了。

詭道：熱度低了欠火候，高了惹麻煩

案例故事

王玲和黃賀長達20年的友誼源自最初是同事。當年他們同時加入一家公司工作，王玲是行政文員，黃賀是項目策劃。彼此都很欣賞對方，王玲端莊賢淑，工作認真負責；黃賀陽光朝氣，策劃細緻周密。公司只有幾十位員工，同事之間都比較熟悉。他們二人年齡和經歷比較接近，在工作上配合非常默契，在興趣愛好方面也有很多共同語言。

王玲和黃賀對這種異性同事關係都把握得非常好。除了談論工作，偶爾也會談及一些其他的東西，比如文學詩歌、娛樂八卦或趣聞雜談，但很少涉及自己和同事，也從不從涉及感情方面的事情。

後來，他們先後離開了原先共事的公司，從同事變成了朋友。經常在一起吃飯、喝茶或者聊天。後來他們不在同一個城市，每年生日的時候也都會收到對方的禮物或祝福。王玲和黃賀雖然彼此欣賞，但並沒有發展成戀人，他們更願意保持這種純粹的友誼。黃賀曾對王玲開玩笑說，「你知道我為什麼喜歡你又不願娶你嗎？距離產生美！走得太近，我怕失去這種感覺。」

再後來，他們各自組成了自己的家庭，並都將對方介紹給自己的愛人認識。雖然他們並不在同一個城市，但兩家人偶爾也會相約聚會，在一起相處的時候大家都很愉快。

這就是異性朋友之間應該維持的關係和距離，在適度中保持友誼，保持一定的距離，不過於親密。只有這樣，才能營造一種和諧共融的氛圍，生活也才能更加美好。

男女關係是很敏感的。異性同事之間可以有很親密的合作關係，但不一定得發展成戀人關係，同事相處的方式可以有很多種，但你在與異性同事交往時要注意場合和說話方式，保持一定距離，保留一份尊重和自尊。

職場男女關係的相處，說起來「清規戒律」一大堆。實際上，只要把握兩點就可以了：第一，只要你自己不心存「歹念」，沒人能把你怎麼樣。第二，正常地、大方地、無性別地去相處，就會成為大家心目中的「乖乖仔」。

在辦公室裡的挑戰不單單來自工作本身，辦公室裡的人際關係也是職場的挑戰之一。其中，辦公室男女關係就更加微妙，較之普通的男女接觸要複雜得多。人們常說兩性搭配幹活不累，可是如果處理得當，自可以遊刃有餘，工作感情兩不誤；一旦處理不好，則很可能嚴重影響自己的職業發展，甚至斷送美好前程。因此，辦公室男女相處要把握好界限。

詭道1：多數主管不願見到辦公室戀情

辦公室是我們工作的地方，一個職業的環境。最理性的辦公室關係，是簡單關係：上司和下屬，同事與同事。

一名網路工程師追求同公司的女同事時遭到拒絕，感情受挫後黯然離職，後來更因此由愛生恨，不但侵入該公司網站竊取全部電子郵件，並且以調查局的名義散發誹謗該女子名譽的信件，犯下偽造文書、妨害名譽、違反通信監察法等罪責。

大多數人可能會說：「這個女孩子很無辜啊！她可是什麼事都沒做！」那是站在那女孩與員工的立場來看這件事情，如果站在公司的立場想想，公司發薪水給員工，還要承擔這種「感情風險」。如果因此給公司造成重大損失，老闆去找誰索賠呢？哪家公司願意負擔這樣的風險？

就算有些公司沒有在員工守則上清楚寫上「不許內部員工談戀愛」的規定，但大多數主管都是不樂見辦公室戀情發生的。如果你想在公司中好好生存下去，就要深刻理解這個法則，不僅要避免和同事產生感情關係，甚至連讓對方產生一點點曖昧遐想的空間都不要有。然而，有句俗語叫「日久生情」。和同事相處久了，不知不覺產生感情，這也是很正常的事情。辦公室是白領階層的舞臺，更是他們滋生愛情的溫床，同在一個辦公室，稍不注意就會發生戀情。但是，這種感情發展下去，通常是以一方或雙方的離職為代價。而一旦離開了公司，不再經常在一起了，發現原來的那種好感或者感情並不那麼可靠，很可能會「賠了夫人又折兵」。

很多企業都不鼓勵員工內部談戀愛。一旦結婚，必須有一個人離職。所以「愛江山就不能愛美人」。否則，直接後果就是：即使你工作勤勤懇懇得像老黃牛，老闆也會懷疑你是不是將上班時間都用於談戀愛了，甚至可能懷疑是不是小倆口想聯合挖公司的牆角。

別抱怨老闆的胡亂猜疑，站在他的位置上，你一樣會這麼想。如果你真的與某位同事陷入愛河，那就只有兩條路可走，要嘛你離開公司，要嘛你的愛人離開公司。戀愛不可以，公司內部的豔遇更不能輕舉妄動，你這樣在老闆眼皮下面冒險，無異於自尋死路。即使保密工作做的再好，也要懂得「要想人不知，除非己莫為」的道理。

詭道2：夫妻最好不要在同一個單位

辦公室很難容下愛情，其原因主要是現代企業中人際關係複雜，職位競爭激烈，辦公室夫妻在某種程度上被視為一個「利益小團體」，它的存在會影響公司內部正常的人際關係和人事管理。辦公室夫妻首先打破了辦公室同事間原有的心理格局，大家的一舉一動需要隨時注意到對夫妻「小團體」的影響；而夫妻之間任何的情緒糾葛也很容易影響到其他同事，這些影響往往超出了工作範圍。對於團隊的管理者來講，下屬中出現夫妻同事也是一種壓力，在安排或協調工作時無疑又多了一層複雜因素，對決策和指揮帶來很多麻煩。

對於夫妻兩人來說，同在一個屋檐下工作，彼此之間也會有很多不利影響，例如：夫妻之間的心理距離感消失，每天形影相隨，上班的時候也要相互牽掛。許多人認為夫妻兩人可以互相監督，防止出現婚外戀，其實，相互監督的另一面是雙方的交際面和朋友圈會相對狹窄，與外界的訊息交流和溝通減少，時間長了就會有壓抑的感覺，反而會影響雙方的感情。

此外，辦公室夫妻容易將工作與生活混淆起來。不在一起工作的夫妻，如果一方遇到工作上的困難，家庭常常成為分散注意、休養生息的地方，而夫妻同事的家庭卻沒有這種功能，家庭也常成為討論工作問題的場所。反之，如果家庭中發生了一些矛盾，也很容易被帶到公司裡來，影響正常工作。而且，在競爭激烈的商業社會，夫妻倆同在一個辦公室也會有較大的經濟風險，一旦公司效益不好，兩個人的經濟收入同時陷入困境，這會給家庭的正常花費帶來嚴重影響。

無論從哪個角度來分析，夫妻最好都不要在同一個單位尤其是同一個辦公室內工作。當確實發生這種狀況的時候，最好的做法是尊重商業規範，理智地選擇離開。風雨同舟適合那些共同創業的夫婦，對大多數辦公室白領來說：夫婦二人待在不同的「船」更有助於各自放手工作，也更有助於給對方提供不同的體驗和感受，增添更多的神祕感，從而進一步增進夫妻間的感情。

詭道3：把握與異性同事的距離

距離，是一種物理現象，更是一種人際學問，也是每個辦公室白領都必須面對的現實問題。在小小的辦公空間中，人來人往，身體的距離該如何掌握？和同事刻意保持距離，隔得遠遠的，會被認為太冷漠；太接近，則可能承擔「性騷擾」的罪名。異性同事之間的距離，更是複雜又微妙的……

21世紀，異性之間的工作交流非常頻繁，不能再以「男女授受不親」的老觀念來看待男女交往的問題了。即使已婚，也不表示要和異性刻意保持距離，以免與辦公室環境格格不入。過分拒絕和異性相處，不僅不像個現代人，更可能妨礙職場角色的扮演。我們也必須承認，兩性都有的工作空間通常比單一性別的環境要來得愉快和諧。現代組織的效率較高和女性大量投入職業有很大關係。若想重新隔離兩性，不僅不可能，也不合理。刻意疏遠，更非上策。異性之間總是需要交流的，而且兩性共事應該有助於工作效率的提高，所以兩性之間絕不能採取隔離策略，而必須找出好辦法使兩性相處有利無害。

同異性同事交往中一個很重要的原則是對異性採取大方、不輕浮的態度，其中包括言語和行為兩方面。以尊重對方是異性工作夥伴的態度來處理辦公室中的一些事務，將會使某些複雜的事物變得簡單。千萬不要將辦公室的異性關係演繹成類似戀愛或者情人關係，也不要與某個異性發展成比與其他異性更為親密的關係。當朋友是下班以後的事，但在辦公室內千萬要區分利害關係。

物以類聚，人以群分。同事中肯定有與你有共同語言、互有好感的人，如果公司不允許你將這種關係發展為戀情，就應當將感情發展限制在友誼的範圍內，即使很有好感，也不應過度表露。如果對方真的射來丘比特之箭，也應巧妙地將其化解，千萬不要給對方以默許和鼓勵。當然，你如果願意為了崇高的愛情，而放棄現在的工作職位，那就另當別論了。

與異性同事相處必須公私分明，辦公室男女比不得同學、朋友，談話可以海闊天空、家長裡短，同事之間的話題應該主要圍繞工作來進行，除此之外的只能蜻蜓點水、淺嚐即止，不可漫無邊際、肆意擴大。尤其不能讓對方瞭解甚至幫你了斷你在家庭和社會生活中遇到的一些私事。經常把家事說給異性聽，自己可能覺得並沒有什麼，但所謂「言者無心，聽者有意」，讓一名異性過多地介入到你的私生活，難免會讓對方產生誤會。

公私分明的另外一層考慮，在於不可由情感駕馭理性。我們都知道，辦公室人際關係相處的最大障礙在於同事之間存在利益的糾葛。很多人在日常的工作中，過於遷就情感，以為感情好什麼都可以無所謂。事實上，這很可能為後來的利益衝突埋下了伏筆。俗話說「親兄弟明算帳」，在實際的工作過程中，切不可只因感情的顧慮而放棄了自己的利益。

詭道4：發揮性別優勢，殺出一條「血路」

「性別歧視」問題始終是社會關注的焦點問題之一。這種關注也從另外一個側面反映了職場現實。不可否認的是，隨著人類社會文明程度的不斷提高，女性的社會地位也在逐步得到改善，但職場性別歧視的現象仍然存在。

能力出眾而又堅定果敢的女性主管往往被冠以「女強人」的稱號，這表明在現代社會，傳統的男主外、女主內的觀念並沒有多少的改變，女性依然被定義為脆弱的、柔順的、站男人背後的「屋裡人」。作為女性員工，想要在職場上有所作為，得到同事（尤其是男性）的認可，就得換上剛強的面具，摒除柔弱的氣質。有時候，女性要想在職場上獲得同樣的成功，確實比男性付出的要多一些。

但是，男女天性不一，職場女性並非都要作出精明強幹、冷血鐵腕的模樣。真正的男女平等，意味著女性能夠充分發揮自己的天性，在工作中不需要模仿男性的剛強就可以完美地解決問題，得到大家的認可。職場就是一個小社會，男女分工各有不同，女性不必為了證明自己的能力而強出頭去做那些男性更適合做的事。

女性在生活中的優勢，也是她們在職場上的優勢。不同類別的工作需要不同性格特質的人去做，女性在職場中發揮作用的位置和方式與男性是不同的。以銷售為例，職場女性有兩個方面的優勢比較突出。

第一，是溝通優勢。做銷售工作，溝通非常重要。女性感情細膩，有耐心，溝通起來更加細緻完備。更重要的是，許多男性客戶都願意聽女性銷售人員美妙動聽的說辭，而男性銷售人員則很難有這樣的待遇。

第二，是情感優勢。一件產品，往往傾注了銷售人員的感情因素在裡面。因為銷售結交朋友，可以讓產品成為建立友誼的一種方式。實際上，大多數銷售人員透過銷售產品實現了人生的許多理想，而不僅僅是為了賺錢。職場女性在這方面往往比男性更具優勢。

職場女性如果能充分發揮女性的天然優勢，挖掘和利用各種社會資源，就一定能在職場呼風喚雨，大獲成功。

在職場上，我們不能只看到是否有能力做同樣的事，還要看你的性別魅力是否能在其中發揮作用。雖然從理論上講，職業沒有高低之分，性別沒有優劣之說，但實際上職場上的不平等，到處可見。如果你的性別相對於你的職位處於劣勢，那你就只有靠自己的努力、奮鬥、拚搏，才能在眾英才中殺出一條「血路」。

詭道5：警惕危險的辦公室戀情

辦公室戀情的特點是：像春蠶吐絲一樣到來，像洪水猛獸一樣離去。雖然說「男女搭配，幹活不累」，但這種搭配的底限是絕對不踰越一條紅線——辦公室戀情。幾乎任何老闆都會反對辦公室戀情在本公司發生——公司是緊張有秩序的工作場所，而不是花前月下的公園、卿卿我我的河邊。辦公室戀愛勢必會影響工作效率。

在政壇上，緋聞幾乎是政客的致命傷；在職場裡，惹上男女關係，輕則勞心誤事，重則身敗名裂。雖然我們都是飲食男女，都有七情六慾，但是這種慾望一定要在理智的約束之下。如果你是未婚男女，那你的「情難自禁」也許還「情有可原」。但如果你已經身入「圍城」，那就請嚴加看管自己，千萬不要因為一時把持不住，拉開「外遇」大幕，既擾亂職場，也誤了自己的前程。

情場得意，職場失意。尤其一個人意興風發之際，如果沾染了辦公室戀情，便是衰運的開始。人生很多時候，禍福只在一念之間，上天堂還是下地獄，都是由自己做主。一個人能否成功，就在於自己是否知道該堅持什麼，以及該割捨什麼。

對於已有家庭的職場人來說，外遇一發生，其固定成本如金錢、時間、體力、腦力等的付出，一定比平常的同事交往成本要大得多。至於變動成本如曝光風險、原配或情婦鬧自殺、情婦干政等，更令人心驚膽顫。因此，有過此類慘痛經驗的人都知道，這種看似不用花錢的男女關係，其實成本最高。到頭來，不僅賠了銀子，還要搭上自己的前途。

★詭之辯

現代企業中，兩性之間的交往是不可避免的，同時把握不當又是非常「危險」的一件事。人與人之間的關係的確就是這麼微妙，既要相互依賴，又要保持各自的相對獨立性，稍微處理不當，便可能引起麻煩。距離感是人際關係中最根本的法則之一，同時也是人際交往中最難把握的問題之一。因此，要瞭解距離的重要性。一個人，如果知道距離的重要性，知道對不同的人應該保持怎樣的距離，知道如何維持和調整這種距離，那麼他（她）就會在社會交往中顯得遊刃有餘。

小結

辦公室的男女在正常情況下只是同事，因利益關係所限，能夠成為親密朋友的同事並不多見，因此將關係定位到友誼的程度至關重要。有關男女之間有沒有真正的友誼已經討論了很多年，辦公室人群普遍不相信「男女之間沒有真正的友誼」這一說法。在很多人眼中，除了「愛」與「不愛」之外，辦公室男女似乎就沒有第三種關係。這是目前辦公室男女相處最大的意識障礙。基於此產生的流言蜚語，在很大程度上破壞了辦公室男女的正常交流與合作。

事實上，我們應該意識到，在「愛」與「不愛」之間還有「友誼」存在。對於男性而言，與某個女同事彼此惺惺相惜而不越雷池半步、視為「紅顏知己」的大有人在。就現實來看，在辦公室裡真正能夠與他人相處得好的，不是那些拒人於千里之外的冷美人、冷帥哥，也不是那些天天泡在異性堆裡的大眾情人，而是將兩性關係把握的不遠不近、不溫不火、恰當好處的人。既能保持一定的距離，又不會讓人覺得難以靠近，是辦公室男女交往所要把握的火候所在。

第13章　有限度地堅持原則

世界上沒有完全相同的兩片樹葉，也沒有完全相同的兩個人。每個人都有獨特的個性特徵，都有自己的處世原則。我們不能因為刻意模仿別人而完全失去自己的個性風格。雖然學習別人的長處很重要，但是保持自己的特色也很重要。你就是你，不是別人的影子。我們在保持自己個性的同時，也要有為人處事的原則。

一個人如果沒有原則，他將很難取得成功；但如果過分堅持原則，不懂得變通，甚至有些偏執，那同樣無法在社會上立足。所以，在靈活性和原則性方面要掌握好分寸，也就是要有限度地堅持原則。

正道：保持自己的特色

案例故事

李文玉原是一位大學講師，學識淵博，但做事有些書生樣。一次偶然的機遇，讓李文玉告別了校園生活，開始下海經商。朋友們都說他不是一塊經商的料：不抽菸、不喝酒、不會拉關係，不會與人討價還價等等，好像商人應具備的資質他全沒有。

剛開始涉足商界的時候，李文玉的從業經驗很欠缺，很多地方都弄不明白，好在他讀書的時候就是個好學生，特別擅長學習。於是他有針對性的加強了商貿知識方面的系統學習，很快就對商場上的遊戲規則熟稔於心。幾次生意下來，他漸漸掌握了一些談判的技巧和商戰的經驗，在企業管理方面也摸索出一套行之有效的方法。不過，他不抽菸、不喝酒、不會拉關係的習慣並沒有改變。經過兩年的艱苦打拚，公司生意日漸興隆。雖然他酒桌之上不抽菸、不喝酒，但他照樣把那些抽菸喝酒的客戶照顧得很好。

在李文玉看來，經商做生意的關鍵不在於會不會抽菸喝酒搞關係，而在於產品是否好，服務是否周到。如果這兩點都做到了，再加上以誠待人，信守承諾，生意自然就會好。

的確，做生意和做人是一樣的道理，關鍵在於品質，會不會抽菸喝酒拉關係，根本就無傷大雅。如果你的產品質量和服務水準上不去，再會拉關係也無濟於事，因為客戶購買的是你的商品和服務，而不是你的菸酒和私人感情。

在我們的生活當中，有很多約定俗成的東西或大家都習慣的做法未必是完全正確的，也未必適合於你，只要你認為自己是對的，就應該去堅持。

一旦尋求別人的認同、賞識和讚賞成為你的一種需要，並久而久之形成一種潛意識的習慣，要想做到保持自我並逐漸進步就很困難了。如果你非要得到別人的誇獎不可，並常常向他人做出這種表示，那就沒有人願意與你坦誠相見了。有些人雖然會為你奉獻出他們的讚美之辭，但其內心未必對你有什麼好感。同樣，你更容易無法明確地闡述自己在生活中的想法，會為了迎合他人的觀點與喜好而放棄自己的觀點，甚至犧牲自己的價值。

正道1：以自己的方式而行事

吉爾貝特．卡普蘭在25歲的時候創辦了自己的第一份雜誌。在他的悉心照料下，雜誌成為了美國發行量巨大的著名雜誌之一。卡普蘭幾乎夜以繼日地工作著，從不休息也從不疲倦。可是在他40歲的時候，他突然出售了自己的企業，出什麼事了？

原來，有一天，卡普蘭偶然聽到馬勒的第二交響曲，樂曲深深地吸引了他，喚醒了他內心深處沉睡已久的東西。不過，他同時也覺得馬勒的第二交響曲演奏的還不夠完美，似乎缺少點什麼，他認為自己聽到的演奏不符合馬勒的原意。

於是，他出售了自己的企業，決定要成為一個指揮家。所有的專業人士都一致認為他簡直是瘋了，他的做法是一次希望渺茫的冒險。因為卡普蘭在此之前從來沒有做過指揮，也根本不會演奏任何樂器。一個甚至連樂譜都讀不懂的40歲的經理去當樂隊指揮，這簡直可笑極了。可是，這些批評意見動搖不了卡普蘭的決心，他甚至將目標定得更高了：他要以一種全新的方式來演繹馬勒的作品。

卡普蘭決定從頭開始學習，他為自己聘請了專業的音樂老師，並經常向一些最優秀的指揮家求教。只用了兩年的時間，他的夢想就成為了現實。1996年，吉爾貝特．卡普蘭演奏了美國最成功的古典作品集，在同一年裡，他作為一名受人仰慕的指揮家出席了薩爾茨堡音樂節的開幕式。

諾曼．文森特．皮爾一針見血地說：「大多數人不願意相信他們本身具備著所有可以讓夢想成真的素質。因此，他們試著滿足於那些與他們不相配的東西。」本傑明．迪斯雷裡也說過：「對於那些為了實現自己的誓言甚至不惜拿生命去冒險的人來說，沒有任何東西可以摧毀他們的意志。」

為什麼有的人能讓別人為自己工作而另一些人卻甘願為別人賣力呢？區別就在於我們追求自己夢想的程度。當兩個人相遇的時候，通常那個做出了正確的決策，並竭盡全力要實現自己的目標的人總是能最終影響另一個人，而且或多或少地讓他跟隨自己的腳步前進。我們將夢想抓得越緊，我們就會越堅強，連上天都似乎在以一種神祕的方式幫助那些目標明確的人。

生命中沒有比實現自己的夢想更讓人高興的事情了；從另一方

面說，世界上也沒有比背叛並最終放棄自己的夢想更令人沮喪的事情了。

在職場中前進的勇士總是每隔一段時間就停下來問自己：「我是在體驗我的夢想，還是在畏懼不前？」他們知道，他們作為自己生活的設計師，可以創造自己夢想中的未來。他們為自己規劃與自己匹配的生活藍圖，他們懂得，過去以及現在都不等同於未來。即使手中握有的始終是同樣的畫筆，我們也能每時每刻描繪出一幅新的畫卷。但丁說過：「熊熊烈火是從微弱的火苗中產生的。」

美國歌唱家弗蘭克．西納特拉在一首歌中曾這樣唱到：「更多、甚至更多的，是我以自己的方式來行事。」西納特拉先生是這樣生活的，也是這樣辭世的。因此，美國總統在他的葬禮上說道：「他以自己的方式而行事。」

正道2：積極主動是你始終要堅持的原則

你做事是否足夠積極主動？凡是積極主動的人都十分熟悉「責任心」這個詞；他們並不把自己的行為歸因於環境或外部條件。他們的行為是自己根據價值觀而進行有意識的選擇的產物，而不是根據感覺受條件支配的產物。

例如，如果想要找到一份好工作，就應該表現得更加主動——接受愛好和能力測試、研究行業和市場規律，甚至鑽研他們感興趣的企業發展中面臨的具體問題，然後製定出一套有效的方案，表明自己有能力幫助企業解決問題。這就是管理學上所說的「兜售式解決辦法」，也是職場和商場上取得成功的主要模式。

我們不要總是等待發生什麼事情，或等待他人來關心自己。那些最終找到好工作並獲得成功的人都是積極主動的人，他們本身就是解決問題的辦法，而不是問題。他們積極主動，按照正確的原理，需要做什麼工作就做什麼工作來把事情辦成。

行事主動的人和缺乏主動的人之間的區別像白天和黑夜一樣。積極主動的人常常愛說的一句話是：「沒問題！交給我好了，我來把它搞定。」而消極被動的人則經常會說：「哎喲！得啦，面對現實吧。你這種積極的想法和自我振作的態度也就到此為止了，遲早你也會不得不面對現實。」

有一種辦法能讓我們更好地意識到自己是否積極主動。那就是看看我們把自己的時間和精力集中在何處。我們每個人的內心都充滿著許多擔心——我們的健康、愛情、家庭、工作等諸多問題，我們可以由此創立一個「擔心圈」。在我們查看自己的「擔心圈」裡的那些事情時，有些事情顯然是我們無法進行實際控制的；而另一些事情，我們能夠做些工作來加以解決。我們可以找出後一部分事情中的那些擔心，把它們在成為問題以前就消滅掉。

積極主動的人把努力集中在自己能做到的事情上面，他們的能量充滿了積極因素，並不斷擴大和放大；而消極被動的人總是停留在那些擔心上面，集中於自己和別人的缺點、工作生活中的問題和他們不能控制的境況，由此導致他們不是自憐自怨就是指責別人。

一般來講，我們遇到的問題不超出於以下三種情況：

一是能直接控制的（涉及自己的行為的問題）；

二是能間接控制的（涉及別人的行為的問題）；

三是不能控制的（我們無能為力的問題，例如我們的過去或環境決定的現實）。

雖然我們無法把所有的問題都解決的很好，但是對於那些自己可以直接或間接控制的問題，要在第一時間把他們消滅掉。很多時候，我們面對困難或問題時，還沒去想辦法，就先被它嚇倒了，這樣的心態當然讓你選擇逃避。而實際上，如果你抱著一定要解決的態度，那麼事情的結果就會完全不同。

你不妨在工作中試試上面所說的辦法。如果你積極而努力地去做了，很多問題都可以迎刃而解，而如果你一直停留在擔心這個、擔心那個上面，那你工作和生活將永遠處在焦慮不安和擔心恐懼之中。

正道3：不要一味迎合別人而放棄自己的立場

很多因素的確在影響人們的平等交往。性格開朗、閱歷豐富、地位較高、思想活躍等，這些往往是交往的有利因素，也容易取得良好的交往效果。基於此，有人煞費苦心地學習、模仿。取人之長補己之短這當然沒什麼不好，但要注意，千萬別失去自己的本色。任何一個人都是風格獨特、獨一無二，與任何人絕不雷同的獨立個體，與其「畫虎不成反類其犬」，還不如保持自己的本色，以一個完全本真的自己去與人交往。從根本上說，你只能是你自己，你不可能是別人。

你不夠豪爽，可以表現得豪爽；你不夠活潑，可以表現得活潑；你不夠直率，可以表現得直率，可這不是本真的你。所以我們沒有必要為自己不像所羨慕的某個人或某些人而煩惱。遺傳學告訴我們，每個人都是由他父母各若干對染色體遺傳決定的，而每一個染色體又有幾十個到幾百個遺傳因子，在某些情況下，每一個遺傳因子都能決定人的性格。因此，聰明的作法是不刻意追求，而保持本色。

有人從風景中看到了自己，明白了自己原來也是一道風景，而有人卻在風景中迷失了自我，僅僅成了他人風景中可有可無的點綴。

沒有獨立的思維方法、生活能力和主見，那麼，生活、事業就無從談起。眾人觀點各異，欲聽也無所適從。只有把別人的話當作參考，按著自己的主意行事，一切才處之坦然。

現在人們生活在一個充滿專家的時代。由於人們已十分習慣於依賴這些專家權威性的看法，所以便逐漸喪失了對自己的信心，以至於不能對許多事情提出自己的意見或堅持信念。

普林斯頓大學校長哈洛·達斯，對順應群體與否的問題十分關切。他在1955年的畢業生典禮上，以《成為獨立個性的重要性》為題發表演講，他指出：無論人們受到多大的壓力，使他不得已改變了自己去順應環境，但只要他是個具有獨立個性氣質的人，就會發現，無論他如何盡力想用理性的方法向環境投降，他仍會失去自己所擁有的最珍貴的資產——個性。

維護自己的獨立性，是人類具有的神聖要求。隨波逐流，雖然可得到某種情緒上的一時滿足，但人們的心靈定會時時受到它的干擾。

不要讓別人的看法左右了自己的言行，在社會這個統一體中，每個人都有自己的處世原則，要想成為一個真正的人，必須先是一個不盲從的人。你心靈的完整性是不可侵犯的，不要為了迎合外界的主張而放棄自己的立場，因為你有限的世界根本無法滿足外界無窮無盡的豐富。

★正之解

這個世界上的每一種生物都有自己的特色，我們不能因為牡丹的華貴就否定玫瑰的色彩，所有的花枝都有它的顏色和芬芳。人類就更是如此，每個人都有自己的個性，都有人所不及、人所不能的地方。我們應該向成功人士學習，但我們不能企圖把自己改造成與他們一模一樣的人。這既不可能也無必要。

每個人都是一個獨立的個體，都有自己的特色，這個特色不僅包括你的長相、氣質、知識、能力、閱歷，更重要的是你的人生觀和價值觀。正是由於你的價值觀念，才決定了你為人處事的原則和立場。我們生活在這個世界上，做人做事一定要有自己的原則，如果毫無主見像牆頭草一樣，那永遠都不可能長成一顆參天大樹。保持自己的特色吧，那是你的一面旗幟。

詭道：拍馬屁是一門大學問

案例故事

某企業因業務發展迅速，公開招聘了一批新員工。入職培訓那天，老闆親自點名。在點到「黃華」時，下面沒有人應答，老闆又大聲地說：「黃華來了沒有？」這時，下面一個新員工戰戰兢兢地站起來說：「老闆，我不叫黃華，我叫黃燁。」老闆在臺上頓時無語，手足無措。

這時，公司人力資源部的文員小趙站起來說：「老闆，他是叫黃燁，我打字打錯了，打成黃華了。是我的錯，對不起，老闆！」老闆隨口說：「就是嘛，『華』和『燁』還是有區別的嘛！」這位新員工涉世不深，還不知道在公共場合給老闆和別人留面子，而這位人資拍馬屁的技巧可謂是爐火純青，及時出手幫老闆解圍。

小趙雖然來公司有一段時間了，但一來長相平平，二來工作能力也不突出，老闆對他幾乎沒什麼印象，所以一直在文員的職位上默默耕耘著。這件事發生以後，小趙在老闆心目中的地位大為提高。他給小趙的評價是：「做人機靈，做事靈活，有悟性，是個可造之才。」

果然沒過多久，小趙便從文員的職位上調任人事主管，專門負責招聘和培訓新員工。

其實，明眼人一看就知道，這個老闆沒什麼文化，把「燁」讀成了「華」，根本不是小趙的錯，但小趙勇於出面將責任攬到自己頭上，為老闆挽留了顏面。無論是在生活中還是在職場上，都是這樣，你給了別人面子，別人自然也會給你面子。適當地拍一下馬屁，讓大家都有面子，何樂而不為呢？

我們不能對拍馬屁過於敏感，應該反省一下自己，將其當作是一種靈活的交流溝通方式來對待，擺脫那些陳腐過時的道德枷鎖。現代職場很多事情確實很無奈，老闆掌握著你的加薪、晉升、培訓、重用等方面的諸多生殺予奪大權，「說你行你就行，不行也行；說你不行你就不行，行也不行」。

大家都在職場打拚，都不容易，為了多加點薪水，晉升得快一點，你給自己的上司說幾句好聽的話，這有什麼錯呢？如果你是上司，你會希望你的下屬整天對自己風涼話，讓自己難堪嗎？你會喜歡和重用那些在自己面前不理不睬、趾高氣揚的下屬嗎？

詭道1：拍馬屁其實是讚美的需要

英國大文豪莎士比亞曾經說過：「讚美是照在人心靈上的陽光，沒有陽光人類將不能生長！」可見，讚美是基於人性基本需要的產物，是良好人際關係的潤滑劑。從這個意義上說，技巧高超的拍馬屁就是讚美，而那些技巧拙劣的讚美則是令人討厭的拍馬屁。

奧黛麗．赫本，是優雅的同義語，是天使的化身，著名電影《羅馬假日》就是她的代表作。她為世界影壇創造了一個清新雋永、純潔可愛的形象，並由此贏得了全世界影迷的愛戴。當她的女性崇拜者問她怎樣才能使自己更美麗時，赫本說：「第一，擁有美麗的女人，要有一雙美麗的眼睛，要善於發現別人的優點和長處；第二，擁有美麗的女人，要有一雙漂亮的嘴巴，要會說好聽的話。」其實，赫本的話恰恰點出了現代職場人際關係的兩大核心：發現別人的優點，並讚美他（她）。

「世上從不缺少美，缺少的是發現美的眼睛。」這句話非常具有哲理。假如某天你因為某件事情要去求一位陌生的女同事，你該怎麼辦呢？讚美她！不過怎麼讚美這需要一點技巧。如果她不漂亮，你可以誇她很有氣質；如果她既不漂亮也沒氣質，你可以誇她很善良；如果她既不漂亮，也無氣質，而且看上去也不善良，那你可以誇她「你看上去很健康」、「你的氣色真好」。只要你想讚美她，總能找到讚美的理由！

何曉是一個很會讚美別人的女孩，有一次她很認真地問一位女同事：「你的雙眼皮真漂亮，在哪兒做的？」同事大吃一驚，但很興奮地說「哪兒呀，誰說我的雙眼皮是做的，我是天生的」。不知是有意還是無意，何曉給了這位同事一個獨到而絕妙的讚美：你真是天生麗質！同事聽到何曉的讚美心花怒放，逢人便說。自然，對於何曉需要幫忙的事，她當然會義不容辭、大包大攬。

有人說一個人活著，就是為了避免懲罰或為了得到獎賞。讚美就是對別人付出的一種報償，是一種激勵與鼓舞。

詭道2：只有情商高的人才會拍馬屁

在職場上流行這樣一句話：智商決定錄用，EQ決定提升。事實上，智商和EQ都很重要。在當今這個競爭日趨激烈、人際關係複雜的社會中，EQ是一項十分重要同時又必不可少的職業素質和職業能力，一定程度上EQ決定著一個人的職業高度。

我們可以對職場上的人，進行一個簡單的分類：

第一種人：智商高、EQ高的人。這種人既會做事，又會做人，他們在職場上總是春風得意，如魚得水，他們一般在事業和生活上都非常成功；

第二種人：智商一般，但EQ高的人。這種人善於處理人際關係，左右逢源，貴人相助，具有一定的組織、協調、影響能力，這樣的人適合做組織管理工作，一般都能在企業中做到中高層的職位。

第三種人：智商高，但EQ低的人。只會做事，不會做人，不懂得人情世故，不會處理人際關係。他們成天一副「懷才不遇」的痛苦狀，總在抱怨「英雄無用武之地」。他們會成為技術專家或職業技能專家，可以在自己的專業領域取得成功，但由於不會與人合作，所以他們的成就不會太高。

第四種：智商低，EQ也低的人。這種人不用說，是被淘汰的對象。

我們周圍有很多人缺乏人際溝通與交往的能力，結果，眼看著別人又升職又加薪，自己在那裡坐冷板凳，無奈之下，酸葡萄心理油然而生：「哼！有什麼本事！不就是會拍馬屁麼！」說對了，恰到好處地拍馬屁正是一種本事。

有人問一位企業老闆：「你的員工中，有沒有議論你寵用『馬屁精』？」老闆聽了淡然一笑說：「有，當然有。但是，我不理會這些議論。公司員工的收入差距很大，工作能力明顯低於別人的人，心理上就會不平衡。罵那些收入高的人拍我的『馬屁』，而他們把自己的缺陷反而打扮成人格的一種『高尚』，這是一種平衡心理失調的最省力的辦法，我能夠理解。可是，他們也低估了我的能力，我還不會愚蠢到拿我的企業利益去交換『馬屁精』的討好吧，我更不會蠢到掏自己腰包裡的錢去供養只會『拍馬屁』的無能之輩。我重獎的都是肯於為我做事的人，其中包括把有些員工中的真實情況向我據實反映的人。別人把這看成是『拍馬屁』，而我認為這是他對企業負責，對老闆負責，這種表現叫做敬業，叫做忠誠！」

很多人成天唱高調，說絕不拍別人的馬屁。事實上，這是對自己人際關係管理能力低下的掩蓋，當然，抱著自己的「陽春白雪」不放，出人頭地只能是遙遙無期了。

詭道3：不會拍馬屁的人都有酸葡萄的心理

很久以前，有個善於拍馬屁的人，上上下下，都被他拍得飄飄欲仙，忽忽悠悠。閻王得知後，為了反腐倡廉，整肅人間道德風氣，命牛頭馬面將其捉來，準備割舌下獄。

馬屁精見到閻王之後，急忙磕頭道：「請閻王爺息怒，在人間並非我願意拍馬屁，而是世人多愛聽奉承之言，喜歡拍馬屁之人。如果他們都能像您這樣鐵面無私、嚴肅公正，我自然就不會拍了。」閻王爺聽後怒氣全消，嘆道：「人間世態炎涼，爾虞我詐，這種人等做出拍馬屁的事來實屬無奈之舉，還是將他送回人間吧！」。從此，馬屁精生生不息，世代相傳。

在職場上，常常有這種情況，如果某人與主管關係比較親近，甚至前腳走進上司的辦公室，後面就有一些同事擠眉弄眼，露出鄙視的神情。久而久之，似乎遠離上司，孤立上司，就是自己「無慾則剛」的道德表現。由於每個人都擔心遭遇道德質疑，結果上下之間「雞犬之聲相聞，老死不相往來」，不僅嚴重降低了溝通效率，影響正常工作的展開，也逐漸形成了壓抑、沉悶的氛圍，企業內部難以創造「團結、緊張、嚴肅、活潑」的文化，自然就很難團結一致，高效成長。

某公司來一個新同事小黃，人長得漂亮，嘴巴也甜，手腳就更勤快，主管們都很喜歡她。有空的時候，她不是擦桌子，就是拖地板，表現非常突出。每天她一看見上司進門，就大聲喊道：「經理好！」有時上司穿了件新衣服，她就趕忙恭維說：「您穿這件衣服真精神！」上司剛剛變了一下髮型，她馬上就又驚又喜地誇獎說：「哎呀，這個髮型把您襯托得年輕了很多！」結果，她的這些話把年近五十的女上司哄得飄飄然。部門例會上，上司總是表揚她進步很快，甚至還把到總公司培訓的唯一名額給了她。這讓很多老員工都很看不慣，在背後紛紛議論指責小黃是馬屁精。

其實，這些同事都是酸葡萄的心理做作怪。人都有七情六慾，主管也是人，他（她）也需要別人的認可與讚美。在公司裡，下屬讚美上司，是一件非常正常的事情，就像鄰里之間、同事之間、朋友之間見面之後，互相誇獎對方的衣服、身體、年齡、髮型、孩子一樣，為了大家都有一個好心情，讚美一下對方有什麼不好呢？

而且，拍馬屁並不是下屬對上司討好的專利，在領導學的專業課程裡，有一門教授領導技巧的課程叫做「激勵」，恰當的激勵下屬，也是高超的智慧，這實際上就是上司拍下屬的馬屁。上司透過認可、表揚、讚美、小恩小惠等，拍拍下屬的馬屁，讓下屬感到很舒服，這樣一來，下屬幹活就會更賣力。

上司和下屬之間自然得體地拍來拍去，就「合拍」了，「合拍」關係自然就和諧了，和諧就會產生凝聚力和生產力。所以，無論是對於上司還是對於下屬，拍馬屁都是一種低成本的人際關係投資，是每一個職場人都必須具備的職業素質和職場智慧。我們要做的，不是去批判它、討厭它、鄙視它，而是去學習它、實踐它、提升它。

詭道4：做人要有靈活性，不可太拘泥於形式

每家公司都會有一些「皇親國戚」，面對這些人，你有理也要

學會吃虧，這樣才能獲得發展的機會。

在很多民營企業，人事經理們常常抱怨公司裡的「皇親國戚」太難纏了，根本無法推行規範化的制度管理。比如：你要搞職位培訓，「皇親國戚」要嘛不去，要嘛去了不屑一顧，嗤之以鼻；你要搞績效考核，這些人的績效你根本就無法統計，你把他們的績效如實統計成低分，老闆還不高興，最後吃虧的還是自己。這就是大多數民營企業「皇親國戚」們的現狀。

小陳是一家民營公司的人力資源專員，公司裡面有很多員工或是老闆的親戚或是經理的朋友，總之有很多人不是靠真本事進來的，而是靠關係在這裡當寄生蟲。小陳十分反感和厭惡那些人，他們雖然沒什麼能力，可在公司裡卻十分囂張。很多主管都對他們敬而遠之。作為人力資源專員，小陳一直都認為公正是最重要的，不公正的待遇對一些認真工作的員工而言是一種傷害，所以他在工作中力求做到公正。在年終績效考核的時候，小陳按照規定實事求是地對那些「關係戶」進行了考核。

由於他們平時總是無所事事，並且無視公司的規章制度，經常遲到早退，有時候好幾天都找不到人，更談不上什麼業績了，所以小陳給他們的初步考評成績都很低，沒有一個及格的。小陳自認為「秉公執法」沒什麼不妥。

但是，當小陳把考評結果拿給部門主管看的時候，主管非常不滿意，狠狠地批評了小陳一頓，並且責令他重新考評。小陳覺得非常委屈，他是按規定辦事的，並沒有什麼錯。但他無法抗拒部門主管的要求，只好重新做了一份績效考核。從此以後，小陳的工作更加艱難，除了那些「皇親國戚」不時地給他難堪外，其他同事對小陳也不像以前那麼熱情和友好了，他為此非常苦惱。

毫無疑問，小陳是一個追求公正、按章程辦事的人，按理說他並沒有什麼過錯。但有時候，很多問題並不能透過硬性的規章制度來解決。所以經常有人感慨：職場中人難做事，難做人。其實難就難在許多問題，特別是人際關係的協調上，不按制度辦事覺得有違職業道德，按照制度辦事又會給自己帶來不少煩惱。

小陳的問題在於，他沒有看清這裡面的利害關係，從而得罪了這些「皇親國戚」們。這還不是一個簡單地傷害一部分職員利益的問題，而是在一定程度上傷了老闆的面子。因為那些「皇親國戚」之所以能在公司工作，本來就是老闆的意思。

每家公司都有這樣的員工，工作能力平平，勞動紀律很差，但「背景」深厚。如果你公然認為那些人沒有在公司工作的資格，豈不是在質疑老闆的做法？在工作中能夠按章程辦事是一種美德，但有時候更需要變通。很多規矩並不寫入章程，但又是必須遵循的，那就是人情世故的潛規則。

很多時候我們必須要學會具體問題具體對待，靈活應對，不能一味地僵守原則。公司的章程是老闆制訂的，既然他認為可以靈活掌握，我們為什麼還要去較勁呢？在職場上做事一定要有靈活性，並不是什麼事情都要按章辦事。如果你非要計較，那最後吃虧的一定是你自己。

★詭之辯

很多人為人處世非常有「原則」，對「馬屁精」之類的人從來都是不屑一顧，實際上，這只能說明他們自己的EQ太低。我們做人不能沒有原則，但太過堅持原則，會讓你在職場上舉步維艱。拍馬屁其實也是一門學問，在很多時候，它是讚美的同義語。

我們的很多「原則」其實是受傳統觀念影響的結果，未必都是正確的。歷史在進步，社會在發展，我們的價值觀念和審美取向也要「與時俱進」。對於那些過時的陳規陋習，我們應該而且必須去打破它們，這樣你才能輕裝上路，而不是負重前行。

小結

做人不可以沒有原則，但也不可太僵守原則。問題的關鍵在於，你首先要確立自己的人生觀、價值觀。也就是說，你所做的每一件事情都應該符合自己的價值判斷，而不是胡亂為之，應該多一些理性務實。

這個世界上唯一不變的規律就是一切都在變。如果條件變化了，而你還在固執地堅持原則，沒有做出相應的調整，會給職業生涯發展帶來很大的危害。但如果你過於順應環境，往往最後卻成了環境的奴隸。「要想成為真正的『人』，必須先是個不盲從因襲的人。你心靈的完整性是不可侵犯的......當我放棄自己的立場，而想用別人的觀點去看一件事的時候，錯誤便造成了......」這是最不盲從的拉爾夫·瓦多·愛默生所講的名言。這對喜歡強調「由別人的觀點來看事情」以增進人際關係的人來說，無疑是一大震撼。

所以，我們要學會在保持自我的同時順應環境，在順應環境的同時保持自我。我們在為人處事時，要有限度地堅持原則。

第14章　小聰明PK大智慧

中華民族是世界上最有智慧的民族之一。在美國社會曾經流行這樣一個說法：「美國的財富裝在猶太人的口袋裡，智慧裝在中國人的腦子裡」。

然而，在我們的周圍也有很多把小聰明當成大智慧的人，他們善於投機鑽營，巧言令色，看似聰明剔透，實則醜態百出。常常為了眼前的一點蠅頭小利，而置巨大的長遠利益於不顧，結果是為了摘取一片樹葉，卻失去了整個森林。要想在職場上出人頭地，就得捨棄小聰明，追求大智慧。有時候，適當的吃點小虧，反而能夠帶來巨大的收益，

正道：吃虧是福還是禍

案例故事

張萱最近心情不好。她的團隊正在參加一個化妝品品牌夏季推廣會的創意競選，她很努力，而且對自己這一次的創意很滿意。她覺得這次是在業內嶄露頭角的機會，所以，她和兩個搭檔加班，犧牲了好幾個週末休息時間。就在她通過一次次的競選，快要把項目拿到手的時候，老闆讓她把這個項目交給另一個同事來操作，理由是那個同事與客戶的關係更好，拿到這個項目的把握大一些。老闆希望張萱能從公司大局出發，多一些理解和擔待，有時候為了集體利益需要作點個人犧牲。

眼看著自己的勞動成果被同事拿走，自己的美好前景化為泡影，張萱感到心裡堵得慌。但是她很快調整好了自己的狀態，依然

每天該幹什麼幹什麼，並沒有因此耿耿於懷，消極應對工作。那個項目當然很成功。年底發獎金的時候，張萱打開紅包一看，比平常多出了兩萬塊錢。她知道老闆並沒有忘記她在那個項目上的努力。

一份耕耘一份收穫，你要求獲得回報沒錯，但是，如果過分注重眼前的和金錢上的東西，有時候可能會適得其反。如果老是喋喋不休地跟老闆提加薪或獎金的事，一旦超出他的心理承受能力，就會對你產生反感；即使老闆滿足了你的要求，給你加了薪水或獎金，他也會在心裡認為你這個人太現實，不尊重他，從此在他心裡就留下一個陰影。因此，在這種情況下，即使你認為自己應得到的是非常合理的，但最好的辦法不是不擇手段去去據「理」力爭，而是讓上司主動地獎賞你。

如果由於你的謙讓，讓團隊獲得了成功，老闆心裡肯定有數，同事對你也更加欽佩，由此，你的個人形象會得到提高，個人品牌價值也會提高，也就意味著你將來會比別人有更多的機會，所以，嚴格地講，你的「吃虧」並不是真正意義上的「犧牲」，而是一種隱性投資。

正道1：拒絕小恩小惠的誘惑

一場激烈的商業談判如期舉行，甲乙雙方的交鋒異常尖銳。甲公司的談判人員要想按照公司事先定好的目標來談恐怕會有一些困難，但是他們必須獲得成功，因為這次交易的利潤非常可觀。對方，即乙公司也有自己的底線，但是他們不能輕易地就亮出自己的底線，談判一直在僵持中。

甲公司一直摸不清乙公司的談判底線，經過幾天的周旋，還是霧裡看花。甲公司的談判助理說：「實在不行，我們就收買他們的談判人員，答應談判成功之後給他滿意的回扣，這對我們來說，是捨小保大，從長遠來看，是值得的。我聽說別的公司已經介入了，如果不馬上採取措施的話，我們可能會失去這次機會。」

談判副代表對此不同意，認為這樣做違背公平競爭的原則。最後，談判代表，也就是這家公司的副總裁，認為可以試一下，他說：「我想證明一個問題。」

甲公司的談判助理以為，沒有人不喜歡錢，「重賞之下必有勇夫」，他制訂好計劃就開始了運作。然而，事情居然出乎他的意料，他以為自己的計劃很周詳，也很到位，給他們的回扣也不低，沒想到卻遭到了對方的堅決拒絕。

甲公司的談判助理悻悻而歸。當他把這個消息告訴自己公司的談判代表時，談判代表卻笑了，並且點點頭。談判助理不明白。

第二天談判開始的時候，沒有人說話。

這時甲公司的談判代表說話了：「我們同意貴公司提出的價錢，就按照你們說的價錢成交。」這是讓兩家談判成員都沒有想到的。

接著，甲公司的談判代表說：「我的助理做的事情我是知道的，我當時沒有反對，就是想證明一件事。最終證實我的猜想對了，貴公司的談判人員不僅談判技巧高，而且合作非常好。最關鍵的一點是，你們對自己的公司非常的忠誠，這很令我敬佩。我們是對手，成交的價錢是我們分勝負的標準。但是，一個企業的生存並不是僅僅依靠錢的多少的。員工的忠誠和責任對於一個企業而言，這是命脈。你們的表現讓我看到貴公司命脈堅實，和你們合作，我們放心。從價錢上來看，我們是虧了一些，但我認為我們會賺得更多。」

他的話還沒說完，全場就響起了熱烈的掌聲。

由於一個人的品質問題，毀掉一個百年甚至幾百年的企業，在現代社會已經不是新聞了，很多名滿天下的國際企業，在一夜之間就可能倒閉關門。企業員工的忠誠與否，關係著企業的興衰成敗。

一名忠誠的員工首是一個誠實守信的人。他不僅僅要經受得起外界的誘惑，更要經受得起自己內心慾望的誘惑。能夠經受得起誘惑是每一名員工應當遵守的職業道德，能夠經受考驗的員工才是忠誠的員工，才是企業需要的員工。誘惑面前三思而後行，對企業忠誠，對自己負責。

正道2：勿動私慾，莫貪小便宜

在職場上，形形色色的，什麼樣的人都有，好動的、好靜的、八卦的……還有一種是愛貪小便宜的人。貪小便宜雖說不是什麼大惡之事，但它映射著一個人的人品。

某企業有位女性員工，經常把公司裡的小物件，什麼迴文針、便條紙、影印紙之類的帶回家。一次，她的孩子到公司來寫作業，同事們一看，孩子作業本的抬頭赫然寫著公司的大名，原來用的是公司的稿紙訂起來的。

很多公司裡都有這樣的員工，例如有的人每天在包裡放幾個空的礦泉水瓶，下班的時候，就用公司飲水機裡的水將瓶子裝滿，然後帶回家。這是件小的不能再小的事情，然而卻能彰顯一個人的品質。

一位人力資源專家說，他面試過的人群裡，也有這樣愛貪小便宜的人。有一位他面試的時候感覺還不錯的女生，在幾個同樣前來應聘的人裡，她的綜合能力是最高的，然而，後來發生的一件事，卻讓他取消了錄取那名女生的想法。原來，他讓那名女生寫一份策劃方案，第二天交上來，結果那女生提交方案時，四頁紙，分別用的是不同公司名抬頭的稿紙，而這幾家公司，從她的簡歷中可知，正是她曾經供職過的公司。就這樣，一張紙就讓那個能力不錯的女生與一份工作失之交臂。

在企業管理者的眼中，工作能力不夠，可以透過培養學習再提升；可人品欠佳，卻是一個人無法彌補的缺陷。所以，儘管一時貪了公司的小便宜，最終受害的，還是自己。

貪占小便宜，必然吃大虧。貪占小便宜，就像是饑餓的人去奪老虎嘴邊的美食，去採懸崖峭壁上的野果，雖然可以充饑，但卻隨時可能落入虎口，掉進深淵。

人的行為受思想支配，總占小便宜這種行為屈從於人的私慾。古人言：「人之心胸，有欲則窄，無慾則寬；人之心事，有欲則憂，無慾則樂；入主心術，有欲則隘，無慾則平；人之心氣，有欲則餒，無慾則剛。」雖說職場是一個利益交換的場所，但「君子愛財取之有道」，動私慾是職場大忌。

正道3：耍小聰明，只會搬起石頭砸自己的腳

很多人都聽過「狼來了」的故事，誰都會覺得自己比故事中的那個小孩子聰明。可是，職場上還是有很多人，喜歡耍小聰明，做事情拈輕怕重，爭利益費盡心機，把耍小聰明作為為人處事之道。可是雕蟲小技終究登不了大雅之堂，最終吃虧的是自己。做人還是腳踏實地的好，別耍小聰明，不然只會搬起石頭砸了自己的腳。

聰明是件好事，小聰明卻不然。愛耍小聰明、占便宜者，往往吃大虧。

某招聘現場，某公司正對十餘位求職者進行最後一輪面試：

「你覺得自己有什麼缺點？」主考官問其中的一位求職者。

「我工作過於投入，人家都說我是工作狂。」他不加思考便脫

口而出。

主考官笑了笑：「工作投入可是優點啊，你說說你的缺點吧。」

這位求職者並沒有察覺考官態度上的細微變化，頗為自得地喋喋不休：「我是個急性子，為人正直，又好堅持原則，所以容易得罪人。另外，我還……」考官微微一笑，終止了問話，讓他回去等通知。

這位求職者的面試結果不言自明。有誰會喜歡一個自作聰明、玩滑頭的人？他以為抓住一切機會來展現自己優點就可以打動考官，但沒有人喜歡自作聰明的人。把優點故意說成缺點，虛偽地掩飾自己，只會惹人反感。

不要耍小聰明，群眾的眼睛是雪亮的。愛耍小聰明的人結果是，他們把自己的活動空間搞得越來越狹小，「聰明反被聰明誤」。這些所謂的「聰明人」，往往為了一片樹葉，而失去了整個森林。

西方有這樣一種說法：法國人的聰明藏在內，西班牙人的聰明露在外。前者是真聰明，後者則是假聰明。培根說：「生活中有許多人徒然具有一副聰明的外貌，卻並沒有聰明的實質——『小聰明，大糊塗』……這種人，在任何事情上都言過其實，不可大用。因為沒有比這種假聰明更誤大事的了。」

成功需要的是智慧，而不是自以為是的小聰明。具有大智慧的人從來就不會去耍什麼小聰明，所謂「大智若愚」，說的就是這樣的人。如果你是真正的聰明人，就不要總是在別人面前隨便地「賣弄」自己的小聰明。那樣，不但使你的聰明變得廉價，有時還會惹來不必要的麻煩。

★正之解

毋庸諱言，人都是經濟動物，都會為自己謀取利益。利益包括很多種，有大利益也有小利益，有物質利益也有精神利益，有短期利益也有長期利益。追求利益需要聰明和才智，小聰明的人只會看到短期的微末小利，大智慧的人才會看見長期的宏大利益。有的人能忍受小利益的誘惑，眼光始終盯著那些長遠的大利益，而最終成就一番大事業；有的人卻總是侷限於一些小恩小惠、蠅頭小利，渾渾噩噩地苟且一生，到頭來，撿到了芝麻卻丟了西瓜。

在職場上，我們一定要注意不能貪小便宜。俗話說，「吃人家的嘴短，拿人家的手短」，如果你因為收受了一次回扣，或者接受了一次請客，丟掉了自己的工作，給自己的職業生涯留下永遠抹不去的汙點，那就未免太不值得了。雖然說人不可能不犯錯誤，但是如果這個錯誤不是因為知識和能力的欠缺，而是因為道德人品問題引起的，那就相當於給你的職業生涯宣判了無期徒刑。無論你以後怎麼去彌補，這個汙點都將永遠存在。

詭道：爭取利益要選好時機

案例故事

李巍在一家新創辦的廣告公司當業務員。初來公司時，老闆就把公司的薪酬管理制度拿給李巍看了，並說：「我給業務員的分紅都是20%，年底按業務額一次性結算。」

李巍覺得這份工作值得做，而且他很賣力。到了年底，李巍細細一算，自己應該拿到的分紅有四十萬多元，這讓他感到很開心：自己長這麼大，從來都是伸手跟父母要錢，還從沒有給過父母錢！李巍激動得夜裡都睡不著覺。

然而沒想到，結算這天，老闆召集業務員開會。會上，老闆先是表揚了大家的工作業績，接下來他說：「由於還有一些應收帳款沒有收回，暫時還不能跟業務員結算分紅，只能先給每人發三千元，好讓大家回老家過個熱鬧年。」

會議室裡，一片噓聲。

老闆繼續說：「大家都知道，我們公司剛剛成立一年，實力有限。最近資金確實很緊張，希望大家諒解。等公司的資金狀況好轉，我一定如數跟你們兌現。我們大家都在為一份共同的事業奮鬥，應該同舟共濟、同甘共苦，你們說對不對？」此話一出，業務員們一時也不好再說什麼。老闆接著承諾：「我保證，到了明年六月，我一定給大家結算分紅。」

李巍心想，除去路費，剩下的錢只夠給父母買年貨了。看來，要給父母蓋一所漂亮房子的夢想今年是不能實現了，而且來年能不能實現，還要打個大大的問號。這樣下去肯定不行，辛苦了一年，沒想到了年底老闆是這個樣子。於是李巍站起來不溫不火地說道：「趙總，你看我們辛辛苦苦為公司幹了一年，都盼著年底能多拿點分紅呢，三千塊錢實在太少了。真的有點打擊我們的積極性了。」其他業務員也隨聲附和，李巍繼續說：「您要真是就給我們發這點錢的話，我們真的沒辦法繼續在公司幹下去了。」

如果是私下李巍一個人向老闆發飆的話，老闆完全可以讓李巍走人了事，但是當著所有業務人員的面，老闆不敢觸犯眾怒。他想了想，於是說：「你們的心情我理解，要不這樣吧，我再想想辦法，給你們每人先發70%的獎金，另外的30%我們來年再發。」雖然老闆還完全沒有兌現承諾，但對於這個結果，大多數人還是勉強可以接受的。

要知道老闆永遠是利益至上的，他希望給員工最少的薪資來讓他們做最多的工作，以使自己的利益最大化。只我們做好了自己的工作，並有了比較出色的成績，我們才有理由為自己爭取合理的薪資，因為這是我們應得的。這時候需要大膽地向老闆提出，因為你只有讓老闆知道你的想法，才有可能被老闆注意，老闆只有注意你才會知道你做的成績，最終你才有可能得到加薪。

有很多人天天抱怨自己的待遇不公平，卻從來不敢向老闆提出，最後只有兩種情況，一是被老闆炒魷魚，二是自己主動辭職。

在職場中，你一定要學會為自己爭取利益。

詭道1：讓上司感到你的重要性

讓上司感到你的重要性，要從最基本的按時地完成上司交給你的各項工作做起。上司最惱火那種對工作拖拖拉拉，影響公司大局的員工。因此，如果你接到了一個新的任務，那麼一定要事先估量一下，根據你能掌握的人力、財力、物力等資源，是否能在要求的時間內準時完成。如果可以，就全力以赴地去做；如果不可以，就得向上司說明，請求給予更多的支持，調配更多資源，以此來保證任務能及時完成。

那麼，如何才能超越上司對你的期望，讓上司感到你的重要性呢？這時，你就要爭取儘量提前完成任務，提前提交工作成果。這樣就能讓上司有時間來審看、把握，他統籌安排時就能運籌帷幄，指揮若定了。比如，你是某公司祕書，上司讓你寫個報告，準備在大會上宣讀，是等到大會宣布開始那刻，才匆匆地交給上司好呢，還是在會前就準備好，甚至提前一天就給上司先過目好呢？顯而易見，如果我們在一些事情、特別是重大工作上總能提前提交，逐漸讓上司領略到我們很注重他安排的工作任務，知道輕重緩急，能擔大任，那麼你就會逐漸超越上司對你的期望了。

另外非常重要的一點就是，要明確自己的工作職責，在自己的權力範圍內能自主地展開工作。公司裡，不可能事無鉅細都是由老闆一個人管理。上司當然要承擔很多角色，但也正因為這樣，他每天都很累，需要有人來幫他分擔。在員工心目中，一個好上司，不應該什麼事都包辦代替，他只需要做到三件事情：選拔並獎勵優秀的員工；使員工發揮自己的才幹，並且在工作中能力有所提升；及時辭退不稱職的員工。因此，一個成熟優秀的下屬，不僅要做好自己領域裡的各項工作，不讓上司操心，更要主動地去開拓自己的工作，從而實現對工作的自我管理。這樣我們就為上司守住了一片陣地，為他建立了一個可以信賴的堡壘。

如果有一天，你在部門會議或者公司會議上能對一些重要的問題提出建議；如果有一天，你的上司提醒你，要注意某某問題，你能回答說：「我已經核實過了，情況是這樣的......」那麼這時的你或許就已經是上司信任的對象了。因為你在工作深度上已經超過了上司，你在思想上能和他並駕齊驅了。從此以後，你將不再僅僅是一個下屬，你已經是所在領域的行家，以後針對該領域的所有問題，上司都將可能與你討論辦法，你就成為了上司的合作者。

只有讓上司感到你的重要性，你才能在職場中受到賞識，平步青雲。

詭道2：聰明過了頭也會適得其反

小慧在一家公司做人事專員，和她同在一間辦公室的是幾個年紀相仿、興趣相投的年輕女孩，因此被其他同事戲稱為「四朵金花」。她們最喜歡做的一件事情就是週五下班以後一起出去吃飯聊天，緩解一週以來的工作壓力。聊天的內容五花八門，有時也會談及工作上的一些瑣事，發一下牢騷或是抱怨一下老闆、上司。

可是，她們漸漸地發覺人事經理對她們的態度跟以前不一樣了，甚至有些惡劣，有時還用嘲諷的語氣反問一些她們週末聊天時說過的話題。她們幾個腦子一轉，立刻就想到了，肯定是談話內容遭到了「內鬼」的洩漏，但一時間也找不出是誰，於是，四個人開始了內部分裂。吃飯聊天的慣例當然是自動取消了，雖然也會聚在一起說說話聊聊天，但出了這種事情後，大家談話的內容也不那麼「奔放」了。

後來經過長時間的排查，她們逐漸確定了小敏就是那個「告密者」。但是，小敏的告密行為似乎沒有為她在經理那裡贏得任何好感。在經理看來，背後批評公司制度和講上司的壞話固然不好，但作為參與者和告密者的小敏就更讓人討厭。果不其然，沒過多久，小敏就因為一次小小的工作失誤讓經理抓住把柄，被無情地掃地出門了。

在很多人眼裡，告密者和叛徒是一丘之貉，而且，告密者比叛徒更可惡，因為告密者是為了獲取某種利益，主動地出賣朋友，而叛徒是受到某種利益的誘惑後，被動地出賣朋友。告密者在出賣朋友的同時，也將自己的人品出賣了，沒有哪個老闆或上司會欣賞、喜歡這樣的下屬。有些老闆明確告誡員工，公司裡嚴禁打小報告，誰打小報告就先處理誰。

在職場上，千萬不能去做那個主動告密者，除非是老闆主動找你瞭解情況。即便如此，你也應該掌握好分寸。另外，如果有涉及到老闆個人隱私的內容，也最好省略，因為如果老闆知道了你掌握了他的某些隱私，勢必對你加以防範，甚至可能會找個藉口把你趕出公司。

討上司歡心的方法有很多種，但告密絕對不應該成為你的選擇。所以，這樣的小聰明過了頭，只會適得其反，搬起石頭砸自己的腳。

詭道3：聰明人不會讓別人看出自己的聰明

在職場上，有些人從來聽不進別人的意見，心目中只有自己，總以為自己比別人高明，事事都要占上風，好出風頭。這類人看似聰明，實則愚笨之極。即使你有很大的本事，見識比別人高出很多，也絕對不能這樣「表現」自己。這樣做的結果，只能讓別人產生不快，使別人感到窘迫，無路可走，只好明智地選擇「不同你一般見識」。

在職場，你尤其不能表現的比主管還要聰明。即使你真的比主管高明，也要表現的比主管「愚笨」。一定要要把功勞、風光和面子留給你的主管。即使你有一個好建議，最好也不要直接提出來，而應該採取旁敲側擊的迂迴方法，把創意提供給你的主管。讓主管覺得是你「不經意」的提醒，讓他想出了一個好辦法。這樣，他心裡高興，對你的評價自然也會高。如果你做出了某個自認為不錯的計劃，在正式提交之前，最好跟主管溝通一下，並大概說一下計劃的思路，如果主管對你的想法比較認同，你不妨再請他給你提點建議，感謝他的提醒。不過，你在主管面前這樣做的時候，一定要自然而不做作。

三國時期，曹操的謀士楊修是個聰明絕頂的人。有一次，工匠們為曹操建造相府的大門，當門框做好，正準備做門頂的椽子時，恰好曹操走了過來。曹操看完後在門框上寫了一個「活」字，便揚長而去。楊修見狀，立即叫工匠們拆掉重做，並說：「丞相在門框上寫個活字，『門』中有『活』即『闊』字，意思是說門做得太窄小了，要再『闊』一些。」楊修的確夠聰明，竟然能夠從一個字揣摩出曹操的心思，但他的聰明，也招致了曹操的嫉恨。

建安二十四年，曹操與劉備爭奪漢中，久攻不下，進退兩難。一天，軍士來問夜間口令，曹操隨口便說出「雞肋」兩個字。將士們都不解其意，只有楊修明白：「雞肋就是吃起來沒什麼味道，丟掉又覺得可惜，丞相的意思是要撤兵！」他便私下告訴士兵收拾行裝，準備隨時撤兵。曹操看見士兵收拾行裝，就問怎麼回事。當曹操得知是楊修猜中自己心思讓大家這樣做時，勃然大怒。本來曹操就對楊修的恃才傲物非常反感，這次終於找到了殺他的藉口。隨即，曹操以「妖言惑眾，擾亂軍心」的罪名，殺掉了楊修。

真正聰明的職場人是不會讓同事感到威脅的，更不會讓上司感到有隨時被取代的危機感。因此，在職場上，不要自以為是的表現得比別人更高明、更聰明，真正聰明的人是不會讓別人看出自己聰明的。

詭道4：能力強的人，也可能會受到排擠和打壓

有人認為，只要有能力就可以在職場中立足；只要勤奮、努力就有機會獲得升遷。但在實際職場中，情況並不是很多人想像的那樣，光努力和勤奮並不能讓你在職場中立於不敗之地。雖然說職場中沒有官場中那麼險惡，但它們在本質上具有很多相同之處。能力在工作中很重要，但還有更重要的因素，如人際關係，這需要你好好去經營。

職場中懷才不遇的人，多半都是因為自己的緣故。你不妨先檢查一下自己的做事方式是不是這樣的：只顧埋頭幹活，而不關心別的同事在做什麼；從來沒主動幫過同事，一般也不找同事幫忙；喜歡打聽同事的家裡，甚至包括上司的私事；說話經常口無遮攔，讓同事甚至主管下不了臺，有時候轉換一下思維，職場命運可能就會因此而改變。

陳坤是一家建築公司的老員工，他的工作能力是大家有目共睹的，老闆對他也非常重視，但他卻遲遲不能被提拔升遷。和他一起進公司的另外三個同事，資歷、學歷、年齡都相差不多，但是論能力和貢獻，陳坤卻在他們之上，而且在管理能力和影響力上占有優

勢。但實際的情況，其他三個人都得到了升遷機會，唯獨沒有他，這讓他很是鬱悶。

陳坤的能力確實很強，能夠得到老闆和同事的認可，而且在開員工全體大會時，老闆還會偶爾提到他的名字，這讓很多同事羨慕不已。但是，公司的升遷體制是這樣的，底層升遷提名由部門主管推薦，再由公司經理考察，最後由老闆審核通過。實際上，只要能夠申報到老闆那裡的基本都會通過。

在實際的工作中，陳坤的工作特點屬於創新型，經常會有很多創意和新方法，其風頭蓋過了很多主管，與其他同事和主管的關係處得不太好；但其他三個人的工作特點屬於執行型，做事很聽話，執行也很到位，工作成績大部分會歸功到主管身上。這樣，主管對這三個人比較偏愛，升遷的機會自然就比較多。

從中我們可以看出：能力強的人會受到老闆的重視和喜愛，但往往可能會受到同事或上司的排擠和打壓。仔細想想，就會發現，問題出現在陳坤的工作特點上和人際關係處理上。他的風頭蓋過主管，如果和主管、同事的關係處理的不好但又非常受老闆重視，那麼他肯定會變成大家排擠的對象。如果他被提升的話，那麼他跟老闆接觸的時間會更長，就會越來越被老闆重視，這樣他就會有很多機會超越他的主管，那麼主管當然會把這顆威脅自己的種子扼殺在搖籃之中。

在職場中，如果你很有野心的話，不要輕易暴露出來，做事情也要儘量低調。只有當時機成熟後，才能露出鋒芒，否則就會步陳坤的後塵。當然，如果你能遇到一個胸懷大志、豁達開明的主管，情況可能會好一點。然而從心理學的角度來看，遇到胸懷大志、豁達開明的主管的機會很少，因為很少有人能夠容忍下屬超越自己，都會在經意或不經意中排擠比自己強的下屬。那麼，最好的辦法就是低調做事，不要讓主管感覺到你的存在會威脅到他的位置，直到機會成熟後，才能爆發出來。

詭道5：如果你要得到仇人，就表現得比別人優越吧

法國哲學家羅西法古說：「如果你要得到仇人，就表現得比你的朋友優越吧；如果你要得到朋友，就要讓你的朋友表現得比你優越。」這句話說得非常好。因為當我們的朋友表現得比我們優越時，他們就有了一種重要人物的感覺，但是當我們表現得比他們還優越，他們就會產生一種自卑感，造成羨慕和嫉妒。

在我們平時的工作和生活中，常常有這樣的人，雖然思路敏捷，口若懸河，但一說話就令人感到狂妄，因此別人很難接受他的任何觀點和建議，這種人多數都是因為太愛表現自己，總想讓別人知道自己很有能力，處處想顯示自己的優越感，從而獲得他人的敬佩和認可，結果卻往往適得其反，失掉了在同事中的威信。

魏子菲是個十分優秀的女孩，既聰明又漂亮，而且在工作中表現也十分出色。這些種種優勢讓魏子菲不自覺地把優越感表現在臉上。用同事的話來說，「她看人的眼神總是帶那麼一點輕視的感覺」。都說優秀的人容易遭人嫉妒，而魏子菲這種把驕傲寫在臉上的人更是如此，周圍的同事不願意和她接近。因此，在魏子菲身邊幾乎沒什麼朋友。在單位裡，同事們雖然表面上對她笑臉相迎，但實際上卻都是敬而遠之。因為，她的光環太耀眼，別人與她在一起的時候總是感到一種無形的壓力和不自在。而魏子菲那種從骨子裡透出來的優越感，又使得她說話時會有種盛氣凌人的感覺，這更讓別人不願意和她接近了。

一個週末，魏子菲的男朋友問她為什麼週末總呆在家裡，不和朋友們一起逛逛街，這個問題讓她回答不上來。因為，她不好告訴

男朋友，她根本就沒有幾個好朋友。但這個問題的提出讓魏子菲意識到了自己的孤獨，除了男友，她能找出幾個願意陪她一起休閒的朋友呢？為此，她很苦惱，但多年以來養成的孤傲性格很難一下子改變，而且每次放下架子和別人相處時，她都感覺到自己的不自然。

公司由於業務發展的需要，打算選拔幾名年輕的儲備幹部，主管考慮到魏子菲的工作業績不錯，也將她的名字報了上去。但後來，她卻沒有被選中，原因是，她沒有良好的群眾基礎，當人力資源部的人來她的部門考察時，根據周圍同事的反映，她並不具備當一名儲備幹部的條件。

對於這種喜歡處處體現自己優越感的人來說，要想和周圍人特別是同事融洽相處，還能獲得他們的信任，首先要學會和別人溝通，而且要明白每個人都是平等的，即便是你再優秀，那也不能作為輕視別人的理由。同時，要修煉自己的性情，性格除了天生之外，後天的培養也很重要，性格好別人才願意和你交往。此外，要多學習、多讀書，溝通和相處是需要技巧的，只有掌握更多的知識，才能運用不同方式方法與不同的人進行良好的溝通交流。

老子曾說過「良賈深藏若虛，君子盛德，容貌若愚」，是說商人總是隱藏其寶物，君子品德高尚，而外貌卻顯得愚笨。這句話告訴人們，必要時要藏其鋒芒，收其銳氣，不可不分青紅皂白將自己的才能讓人一覽無餘。你的長處短處都被同事看透，就容易被他們操縱和利用。

★詭之辯

在職場中，笨和聰明，往往不是我們表面上看到的那樣。那些公認的聰明人，在職場中的發展有時不見得好。凡事都精明，遇事不吃虧，到頭來卻處處受人壓制，成為人們打擊嫉妒的中心。反倒是一些看起來笨笨的人，平時經常被人欺負，誰騙他都相信，可到了關鍵時候，這些人卻永遠是屹立不倒的，甚至占盡優勢。

那些平時看起來很聰明的人，在做大事時，往往不知道防守和考慮退路，只是一個勁地往前衝，到最後，事情是做成不少，可缺點暴露的更多。然而在職場中，別人看的往往不是你的成功，而是你的缺陷。一個缺陷就可以讓你消耗掉好幾年的累積，所以這種聰明人自以為只要做事情，就可以不計後果的做法，到最後只能令自己頭破血流。

小結

在職場上，小聰明只能讓你成為別人眼中的小醜，而大智慧才是你飛黃騰達的根基。小聰明的人總是把聰明寫在臉上，而大智慧的人總是把智慧藏在心裡，表面上顯得很笨拙。很多看起來聰明的人往往不會很成功，他們常常會受打壓，所以他們總在換工作，他們總喜歡跳槽。幾年以後，折騰了一圈的聰明人回頭看時，發現從前自己瞧不上眼的笨人們都已經登上高位，成為聰明人仰望的對象了。

讓所有人都見識自己的小聰明，在職場上並沒有太大的好處。因為對老闆而言，小聰明不代表有能力。把一個有害無利的東西表達出來，只會給自己帶來麻煩，而這除了能滿足下自己的虛榮心之外，實在沒有其他的好處。而那些具有大智慧的人就不同，他們會收斂自己的鋒芒，把會引發別人嫉妒的光輝都掩蓋起來。這麼做，除了不會有裝聰明的威脅外，還能令別人都不注意他們，以為他們毫無威脅力。而在職場上，恰恰是這種人在關鍵時刻，能夠獲得成功。

辦公室正道詭道

作　者：余亞杰

發行人：黃振庭

出版者：崧博出版事業有限公司

發行者：崧燁文化事業有限公司

E-mail：sonbookservice@gmail.com

粉絲頁　　　網　址

地　址：台北市中正區重慶南路一段六十一號八樓 815 室

8F.-815, No.61, Sec. 1, Chongqing S. Rd., Zhongzheng Dist., Taipei City 100, Taiwan (R.O.C.)

電　話：(02)2370-3310 傳　真：(02) 2370-3210

總經銷：紅螞蟻圖書有限公司　網　址

地　址：台北市內湖區舊宗路二段 121 巷 19 號

電　話:02-2795-3656　　傳　真:02-2795-4100

印　刷　：京峯彩色印刷有限公司（京峰數位）

定　價：400 元

發行日期：2018 年 8 月第一版

◎ 本書以POD印製發行